生活垃圾焚烧发电厂
环境监管要点与跟踪评价

黄道建　杨文超　李世平　谢丹平　丁炎军◎著

中国纺织出版社有限公司

内 容 提 要

随着城市生活垃圾产生量持续增多，生活垃圾“减量化、无害化、资源化”的处理需求日益增加。作为我国“无废城市”的重要实践形式，生活垃圾焚烧处理在污染减排、节能降耗、环境改善等方面起到积极促进作用，最大限度地实现了生活垃圾的减量化和资源化。但是针对生活垃圾焚烧发电厂的环境监管和跟踪评价目前还缺乏系统的制度体系。本书基于课题组多年对珠江三角洲等地生活垃圾焚烧发电厂的研究成果，从环境监管、合规化核查、验收监测及日常监测、跟踪评价与数字化管理应用等方面，系统阐述了生活垃圾焚烧设施环境监管要点，初步构建了垃圾焚烧处理设施数字化管理方案，具有较大的科普意义。

图书在版编目（CIP）数据

生活垃圾焚烧发电厂环境监管要点与跟踪评价 / 黄道建等著 . -- 北京 ： 中国纺织出版社有限公司，2024. 9. --ISBN 978-7-5229-2098-6

Ⅰ. X799.305

中国国家版本馆 CIP 数据核字第 2024Q6P393 号

SHENGHUO LAJI FENSHAO FADIANCHANG HUANJING JIANGUAN YAODIAN YU GENZONG PINGJIA

责任编辑：林双双　　责任校对：王蕙莹　　责任印制：储志伟

中国纺织出版社有限公司出版发行

地址：北京市朝阳区百子湾东里 A407 号楼　邮政编码：100124

销售电话：010—67004422　传真：010—87155801

http://www.c-textilep.com

中国纺织出版社天猫旗舰店

官方微博 http://weibo.com/2119887771

天津千鹤文化传播有限公司印刷　各地新华书店经销

2024 年 9 月第 1 版第 1 次印刷

开本：710×1000　1/16　印张：11

字数：145 千字　定价：98.00 元

凡购本书，如有缺页、倒页、脱页，由本社图书营销中心调换

著作委员会

黄道建　杨文超　李世平　谢丹平

丁炎军　陈继鑫　陈晓燕

近年来，我国社会经济飞速发展，随着城市化进程的加速以及居民生活水平的不断提高，城市生活垃圾产生量持续增多，生活垃圾“减量化、资源化、无害化”的处理需求日益增长。

2018年12月，国务院印发《“无废城市”建设试点工作方案》，进一步推动生活垃圾资源化利用。2021年2月22日，国务院印发的《国务院关于加快建立健全绿色低碳循环发展经济体系的指导意见》（国发〔2021〕4号）中提出加快城镇生活垃圾处理设施建设，推进生活垃圾焚烧发电，减少生活垃圾填埋处理。截至2023年年底，我国现有生活垃圾焚烧发电企业926家（焚烧炉数量2 029台），焚烧处理能力约103.5万吨/天，装机规模2.3万MW。作为我国“无废城市”的重要实践形式，生活垃圾焚烧处理在污染减排、节能降耗、环境改善等方面起到积极的促进作用，最大限度地实现生活垃圾的减量化和资源化，打通了“绿水青山”和“金山银山”双向转化路径。

然而，由于认识上的差异以及生活垃圾焚烧设施环境监管流程等尚未能让群众了解透彻，生活垃圾焚烧发电项目的建设往往容易遭到周边居民的反对，垃圾焚烧发电项目污染物排放及对周边环境的影响等问题仍是人们关注的重点。本书基于生活垃圾焚烧发电课题组多年对珠江三角洲等地生活垃圾焚烧厂的研究成果，从环境监管、合规化核查、验收监测及日常监测、跟踪评价与数字化管理应用等方面，系统阐述了生活垃圾焚烧设施环境监管要点，初步构建了垃圾焚烧处理设施数字化管理方案，具有较大的科普意义。

本书共分7章，第1章由陈继鑫、李世平、丁炎军撰写，第2章由黄道建、陈继鑫、杨文超、陈晓燕撰写，第3章由杨文超、陈继鑫、黄道建、李世平、丁炎军撰写，第4章由杨文超、陈继鑫、黄道建、丁炎军、李世平撰写，第5章由丁炎军、杨文超、谢丹平、陈晓燕、黄道建撰写，第6章由李世平、黄道建、杨文超撰写，第7章由黄道建、杨文超撰写。全书由黄道建、杨文超统稿。书中相关案例的监测工作由生态环境部华南环境科学研究所华南生态环境监测分析中心承担，其中监测数据整理由陈晓燕、范芳、蒋炜玮等负责，现场采样工作由陶日铸、王旭光、郑毅云等负责，检测分析工作由张素坤、青宪、曹桐辉、杨思仁、陈爽燕、黄坤波、胡秀峰等负责。本书在撰写过程中，得到了生态环境部华南环境科学研究所的支持，也得到不少相关研究领域的前辈和同行的指导，同时得到了光大环保、广州环投等垃圾焚烧处置单位给予的支持，在此一并表示衷心感谢。

著者

2024年6月

目录
CONTENTS

第3章

第4章

第5章

PART

1

第1章

生活垃圾焚烧发电厂概况

1.1 我国生活垃圾焚烧发电厂发展概况

生活垃圾焚烧发电是指通过焚烧处理的方法处置生活垃圾，并利用焚烧过程中产生的余热进行发电，最终达到“减量化、无害化、资源化”的工程项目。随着城市化进程的加速以及居民生活水平的不断提高，城市生活垃圾产生量逐年上升，垃圾处理正成为城市发展过程中亟须解决的重要问题。20世纪80年代，我国开始引进垃圾焚烧处理技术，之后在政策推动和环保需求的增加下，经过不断的技术更新和管理体系完善，垃圾焚烧发电技术作为一种环保、高效的垃圾处理方式，逐渐成为我国较普遍和有效的垃圾处理方式。近年来，我国生活垃圾焚烧发电行业的规模不断扩大，根据全国排污许可证管理信息平台等相关数据，截至2023年年底，我国生活垃圾焚烧发电企业共926家（焚烧炉数量2 029台），焚烧处理能力约103.5万吨/天，装机规模2.3万MW，目前处理能力利用率约60%。2023年较2018年全国生活垃圾焚烧发电企业数量增长1.74倍，焚烧处理能力增长1.36倍，发电装机规模增长1.51倍。同时，随着技术的不断进步和设备升级换代，垃圾焚烧发电的效率也不断提高，进一步推动了行业的发展。

1.2　我国生活垃圾焚烧发电厂环境监管需求与目的

1.2.1　我国生活垃圾焚烧发电厂的环境监管需求

我国生活垃圾焚烧发电厂的环境监管需求主要有3点。

1.2.1.1　确保排放达标

生活垃圾焚烧过程中可能产生二氧化硫、氮氧化物等有害气体，以及颗粒物等污染物。环境监管的首要需求就是确保这些污染物的排放符合国家标准，防止对大气环境造成不良影响。

1.2.1.2　防止二次污染

焚烧发电厂除了气体排放外，还可能产生废水、废渣等废弃物。监管需求还包括对这些废弃物的妥善处理，防止造成二次污染。

1.2.1.3　保障公众健康

焚烧发电厂的建设和运营必须考虑对周边居民的影响，环境监管需求之一就是确保发电厂的建设和运行不会对公众健康造成威胁。

1.2.2　我国生活垃圾焚烧发电厂的环境监管目的

1.2.2.1　促进可持续发展

通过严格的环境监管，推动生活垃圾焚烧发电行业向更加环保、高效的方向发展，实现经济、社会和环境的协调发展。

1.2.2.2 保护生态环境

环境监管的目的是确保生活垃圾焚烧发电厂在运营过程中不会对生态环境造成破坏，维护生态平衡。

1.2.2.3 提高行业透明度

通过公开、透明的环境监管，让公众了解垃圾焚烧发电的过程和效果，增加行业的公信力。

1.3 我国生活垃圾焚烧发电厂环境监管现状及制度

随着我国对环境保护的重视度不断提高，针对生活垃圾焚烧发电厂的环境监管也日益严格。相关部门制定了一系列法律法规和标准规范，对垃圾焚烧发电厂的排放要求、设备要求、运营管理等方面进行了明确规定，以确保其运营符合环保要求。监管部门也加强了对垃圾焚烧发电厂的日常监督检查和定期监测，通过实地检查、采样监测等手段，对垃圾焚烧发电厂的排放情况、设备运行状态等进行监测和评估，确保其符合相关标准和要求。

在监管制度方面，我国已经建立了一套相对完善的环境监管制度，包括明确监管部门的职责和权限，制定相关法规和标准，建立监督检查和监测机制等。同时，还加强了与其他相关部门的协调合作，形成了多部门联动、齐抓共管的监管格局。

尽管环境监管力度不断加强，但仍存在一些挑战和问题。例如，部分垃圾焚烧发电厂可能存在超标排放、违规操作等问题，监管部门需要进一步加

强监管力度，完善监管手段，提高监管效率。

1.3.1 垃圾焚烧发电厂全面推行“装、树、联”

2017年，环境保护部针对生活垃圾焚烧发电行业组织开展了“装、树、联”等污染防治专项整治行动，目的是让公众能够直观地获取焚烧厂的排放信息，减少对垃圾焚烧厂的恐惧心理，同时促进企业的绿色转型。具体要求为生活垃圾焚烧发电厂需依法安装自动监测设备，通过厂区门口树立的电子显示屏展示5项大气污染物（颗粒物、氮氧化物、二氧化硫、一氧化碳、氯化氢）和焚烧炉炉膛温度（以下简称炉温）自动监测数据，并将自动监测数据与环保主管部门联网，利用自动监测具有连续运行的优势推动垃圾焚烧行业非现场监管。截至2023年年底，全国926家生活垃圾焚烧发电厂2 029台焚烧炉均完成“装、树、联”。

目前，“装、树、联”已成为我国垃圾焚烧发电行业基本环境监管制度之一。具体内容如下：

装：依法安装自动监控设备，用于实时监测污染物的排放情况。

树：在厂区门口树立电子显示屏，用于实时公开污染排放数据。

联：将自动监控系统与各级环保主管部门联网，以便及时获取监控数据。

落实“装、树、联”有5个方面的优点。

（1）明确相关企业的主体责任，倒逼企业进行绿色转型。

（2）保障公众的环境知情权，化解抵触情绪和恐慌心理。

（3）规范企业排污行为，保持环境执法监管过程中的高压态势，保障周围生态环境安全。

（4）让监控数据及时被锁定为行政执法证据，提升环境执法监管的精准性。

（5）通过实施“装、树、联”，环保部门可以有效地监督垃圾焚烧厂的排放情况，确保其达到全面达标排放的要求，从而为改善环境质量、促进企业发展发挥更大的效能。

1.3.2 垃圾焚烧发电行业法律法规

垃圾焚烧发电项目投资运营受到的监管包括行业管理、环境保护、投资建设和电力等方面。其中，住房和城乡建设部及地方市政公用事业主管部门是行业主管部门；生态环境部及地方生态环境保护部门负责对环保工作的监督管理；国家发展和改革委员会及地方发展和改革委员会部门负责垃圾焚烧发电投资建设项目的核准；国家能源局及地方能源管理部门负责对电力工作的监督管理。此外，垃圾焚烧发电行业还受到中国环境保护产业协会、中国城市环境卫生协会等行业自律组织的指导和监督。

垃圾焚烧发电项目投资运营相关的主要法律法规、政策规定包括《中华人民共和国环境保护法》《中华人民共和国大气污染防治法》《中华人民共和国固体废物污染环境防治法》《中华人民共和国水污染防治法》《中华人民共和国土壤污染防治法》《中华人民共和国噪声污染防治法》《中华人民共和国环境影响评价法》《排污许可管理条例》《建设项目环境保护管理条例》《生活垃圾焚烧发电厂自动监测数据应用管理规定》《城市生活垃圾管理办法》《危险废物污染防治技术政策》等。

1.3.3 排放标准

垃圾焚烧作为实现垃圾减量化有效的处理方法，具有占地少、处理速度快、减量效果好等优点，但是生活垃圾在焚烧处置的过程中，也同样伴随着一定的环境污染影响，比如垃圾储存过程中的渗滤液污染、恶臭污染，垃圾

焚烧过程中烟气污染、飞灰污染，以及飞灰填埋过程中的固废污染等。针对生活垃圾焚烧处置过程中的环境污染问题，国际国内都出台了相应的限制标准，控制污染物的排放。目前针对生活垃圾焚烧发电厂制定的污染物排放标准主要是焚烧炉大气污染物排放限值标准，废水一般执行回用标准或者水污染物排放标准，渗滤液、飞灰等一般执行填埋场相关标准，本节重点针对生活垃圾焚烧发电厂的焚烧炉大气污染物排放限值标准进行介绍。

我国生活垃圾焚烧发电行业起步较晚，但近年来，随着城市垃圾产生量逐年上升，生活垃圾焚烧发电厂的数量也在逐年增加，我国也加强了对垃圾焚烧发电行业的监管，出台了一系列政策法规，并根据我国国情制定了垃圾焚烧污染物排放标准。同时，由于我国各省（市、区）对生活垃圾焚烧控制的不同要求，河北、福建、深圳、海南等省（市）也都制定了严于国家标准的地方标准，具体见表1-1。

表1-1　国内生活垃圾焚烧排放标准

序号	污染物	单位	国家标准	上海标准	深圳标准	海南标准	福建标准	河北标准	取值时间
1	颗粒物	mg/m^3	30	10	10	10	—	10	1h均值
			20	10	8	8	—	8	24h均值
2	氮氧化物		300	250	80	150	120	10	1h均值
			250	200	80	120	100	120	24h均值
3	二氧化硫		100	100	30	30	—	40	1h均值
			80	50	30	20	—	20	24h均值
4	氯化氢		60	50	8	10	—	20	1h均值
			50	10	8	8	—	10	24h均值
5	一氧化碳		100	100	50	30	—	100	1h均值
			80	50	30	20	—	80	24h均值

续表

序号	污染物	单位	国家标准	上海标准	深圳标准	海南标准	福建标准	河北标准	取值时间
6	总有机碳	mg/m³	—	—	10	20	—	—	1h均值
			—	—	10	10	—	—	24h均值
7	氟化氢		—	—	2	2	—	—	1h均值
			—	—	1	1	—	—	24h均值
8	汞及其化合物		0.05	0.05	0.02	0.02	—	0.02	测定均值
9	镉、铊及其化合物		0.1	0.05	0.04	—	—	0.03	测定均值
10	锑、砷、铅、铬、钴、铜、锰、镍及其化合物		1.0	0.5	0.3	0.3	—	0.3	测定均值
11	二噁英类	ngTEQ/m³	0.1	0.1	0.05	0.05	—	0.1	测定均值
12	氨	mg/m³	—	—	—	—	—	8	1h值

PART

2

第2章

生活垃圾焚烧发电厂施工期与试运行阶段环境监管

为督促建设单位同步落实建设项目环保措施，2012年1月，环境保护部印发《关于进一步推进建设项目环境监理试点工作的通知》，开展环境监理试点工作，在随后几年中，建设项目环境监理工作得到较快发展，有些试点地区建立了较为完善的环境监理制度和技术规范体系，并将建设项目环境监理落实情况纳入建设项目竣工环保验收管理。2016年4月，环境保护部印发了《关于废止〈关于进一步推进建设项目环境监理试点工作的通知〉的通知》（环办环评〔2016〕32号），明确建设项目环境监理试点工作已结束，废止了该试点工作文件，环境监理工作不再是强制性的，而是业主根据实际情况自行配置。

由于生活垃圾焚烧发电厂的复杂性，目前环境监理仍旧是生活垃圾焚烧发电行业内环境监管的一种有效方式，生活垃圾焚烧发电厂环境监理的工作主要是依据《建设项目环境保护管理条例》（国务院第253号令）、《建设项目竣工环境保护验收办法》（国家环保总局令第13号）、《生活垃圾焚烧处理工程技术规范》《生活垃圾焚烧污染控制标准》、项目环境影响评价文件及其批复、项目环保设计文件（即在环保行政主管部门进行备案的建设项目环保设计图说、工程设计文件中的环境保护专章）以及工程环境监理合同等文件和资料。环境监理确保了生活垃圾焚烧发电厂在设计、施工和试生产（运行）等环节中各项环保措施得到严格执行和落实。本章主要介绍施工期和试生产阶段环境监管工作程序及主要内容。

2.1 生活垃圾焚烧发电厂施工期环境监管

环境监理是指环境监理单位受项目建设单位委托，依据国家和地方有关环境保护法律法规、技术规范、环境影响评价文件及其批复，对项目建设过程进行环境保护监督管理的专业化服务活动，同时为建设单位提供环境保护方面的专业技术指导。通过对生活垃圾焚烧发电厂建设项目开展环境监理，进一步提升生活垃圾焚烧发电厂专业化环境监督管理，有利于实现生活垃圾焚烧发电厂环境管理由事后管理向全过程管理的转变，由单一环保行政监管向行政监管与建设单位内部监管有机结合的转变，对于促进生活垃圾焚烧发电厂全面、同步落实环评提出的各项环保设施和措施具有重要作用。

生活垃圾焚烧发电厂施工期阶段的环境监理要点须结合项目所在地的法律法规、自然环境和环境监理实施情况等综合分析和整理，不断地进行完善和探索，从而使其具有可操作性及合理性。生活垃圾焚烧发电厂施工阶段可分为环境保护达标监理、环境风险应急处理、环保设施监理和生态保护措施监理等内容。

2.1.1 施工期环境保护达标监理

2.1.1.1 施工期污水监理

（1）巡视检查施工污水处理设施的建设、污水排放是否符合项目环境影响评价文件及其批复要求。

（2）监理水环境敏感区域的污水集排管网、污水处理设施隐蔽工程的建设和排污口设置。

（3）须定期对排放污水进行监测，一般在排水口处设监测点，监测频率为1次/季度，主要监测指标为水量、化学需氧量（COD）、氨氮含量

（NH_3-N）、石油类和固体悬浮物浓度（SS），具体见表2-1。

表2-1 施工期水环境保护达标监理表

项目	处理工艺及处理能力		隐蔽工程建设情况*	达标排放情况		整改措施及要求
	处理工艺和处理能力	与环评报告及其批复相符性分析		实际排放结果	环评批复要求排放限值	
施工期污水处理设施						

注：*采取旁站方式，对污水集排管网、排污口等进行拍照留存。

2.1.1.2 环境空气污染监理

（1）巡视施工期间建筑材料的堆放场以及混凝土拌合处是否定点定位，并采取防尘、抑尘措施，如在大风天气，对散料堆场应采用水喷淋法防尘。

（2）须定期对施工场地及周边环境敏感点进行监测，一般在施工厂界、下风向150m处布设监测点，若最近敏感点距厂址超过500m，则可考虑不在敏感点设监测点。监测频率为1次/季度，每次连续监测3天，每天采样1次，每天采样时间不少于20小时，在土石方施工时应适当加大监测频率（1次/月），主要监测指标为总悬浮颗粒物（TSP）、可吸入颗粒物（PM_{10}）（表2-2）。

表2-2 施工期大气环境保护达标监理表

项目	处理工艺		达标排放情况		整改措施及要求
	具体采取的处理工艺	与环评报告及其批复相符性分析	实际排放结果	环评批复要求排放限值	
施工期大气污染处理措施					

2.1.1.3　施工噪声监理

（1）核实受施工噪声影响的噪声敏感建筑物的方位、数量。

（2）对施工过程产生强烈噪声或振动的污染源（如打桩等）进行巡视，确认施工噪声防治措施落实和设施建设情况。

（3）须定期对施工场界及周边环境敏感点进行监测。每月监测1次，每次连续监测2天，监测时间分昼间（6:00～22:00）、夜间（22:00～6:00）两个时段，监测点位设在厂界四周，并考虑在最近的敏感点布设1个监测点（若最近敏感点距厂址超过500m，则可考虑不在敏感点设监测点）。监测指标为等效连续A声级（昼间及夜间），具体见表2-3。

表2-3　施工期噪声环境保护达标监理表

项目	防治措施		达标排放情况		整改措施及要求
	具体采取的防治措施	与环评报告及其批复相符性分析	实际排放结果	《建筑施工场界环境噪声排放标准》（GB 12523—2011）	
施工期噪声污染处理措施				昼间≤70dB（A）； 夜间≤55dB（A）	

2.1.1.4　固体废物监理

（1）核实施工过程固体废物综合利用途径和处置措施，巡视检查固体废物的贮存、处置过程，每天填写产生量报表并说明去向和处置情况。

（2）巡视施工期间生活垃圾是否集中暂存，定期由市政环卫部门清运至城市生活垃圾处理场处理（表2-4）。

表2-4 施工期固体废物处置监理表

序号	项目	处理措施		整改措施及要求
		实际采取的处理措施	与环评报告及其批复相符性分析	
1	施工期固体废物处理措施			
2	施工期生活垃圾处理措施			

2.1.1.5 生态环境保护

（1）核实临时占地的土地类型、位置、面积，采取环境监理工作措施严格控制施工活动范围。

（2）巡视检查环境监理范围内的生态环境保护和修复措施的落实情况。

2.1.2 施工期环境风险应急处理

若施工期间发生环境污染与破坏事件，需启动相应的环境风险应急处置程序。具体处理程序如下：

（1）总环境监理工程师在接到环境风险事故报告后，立即与建设单位、工程监理联系，同时书面通知承包商暂停该工程施工，并采取有效控制措施。

（2）环境监理部协同建设单位向有关环境保护行政主管部门报告环境污染与破坏事故。

（3）环境监理工程师与承包商对污染事故进行调查，并提出事故处理的初步方案，经总环境监理工程师核准后转报建设单位处理。

（4）配合环境保护行政主管部门进行污染事故的调查和污染性质、危害认定。

（5）总环境监理工程师对承包商提出的处理方案予以审查、修正、批

准，形成决定，方案确定后由承包商向环境监理工程师和工程监理工程师提出复工书面申请，经批准后复工。

（6）总环境监理工程师组织对污染事故的责任进行判定。判定时将全面审查有关工程施工记录。

具体的环境污染事故处理程序图如图2-1所示。

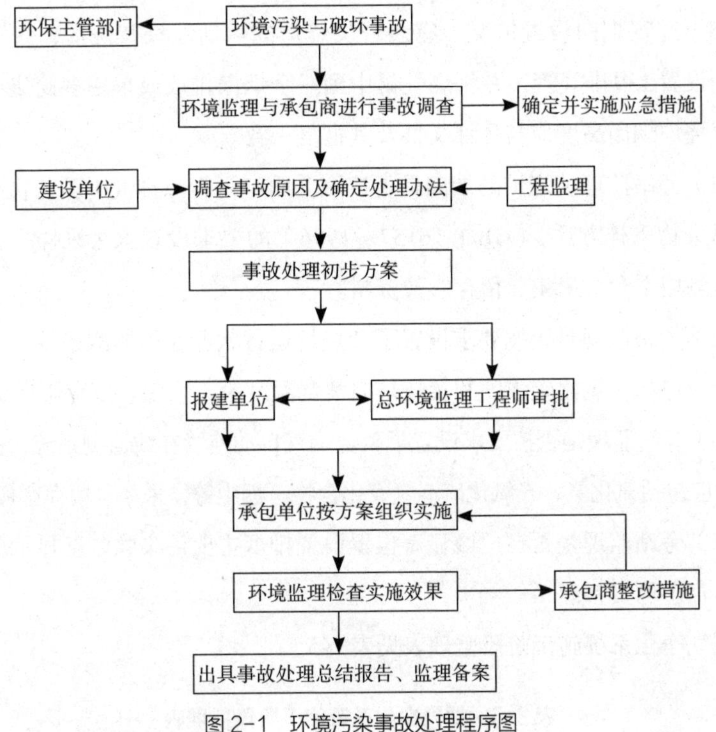

图2-1　环境污染事故处理程序图

2.1.3　环保设施监理

生活垃圾焚烧发电厂施工期环保设施监理关注的内容包括烟气净化系统，渗滤液收集和处理系统，厂区降噪措施，飞灰收集和处理系统，厂区防渗工程，厂区一般生产废水、生活污水和初期雨水处理系统，环境风险防范措施，以及搬迁安置共八个方面。

2.1.3.1 烟气净化系统

（1）监理核查烟气净化系统是否和主体工程同时设计、同时施工。

（2）监理核查烟气净化系统的处理能力和处理工艺是否和设计一致。

（3）巡视烟囱设置情况。有多台焚烧炉的生活垃圾焚烧厂，每条焚烧线必须设置1根排气管，并将烟气集中到一个烟囱排放或采用多筒集束式排放，焚烧炉烟囱高度应与环评文件及其批复一致。

（4）旁站监理焚烧炉的烟囱是否按照《固定污染源排气中颗粒物测定与气态污染物采样方法》（GB/T 16157—1996）的要求设置永久采样孔并安装采样监测用平台，采集、留存影像资料。

（5）旁站监理是否按要求设置了焚烧炉运行状况在线监测系统，监测项目至少应包括一氧化碳浓度和焚烧炉内焚烧温度等，采集、留存影像资料。

（6）旁站监理是否按要求设置了焚烧烟气自动连续在线监测系统，监测项目至少应包括氯化氢、二氧化硫、氮氧化合物、烟尘等，采集、留存影像资料。

（7）旁站监理是否在厂区显著位置设置排烟主要污染物浓度显示屏，采集、留存影像资料。

烟气净化系统施工阶段监理表见表2-5。

表2-5　烟气净化系统施工阶段监理表

<table>
<tr><th rowspan="2">项目</th><th rowspan="2">施工时间</th><th colspan="2">处理工艺和处理能力</th><th colspan="2">烟囱设置（个数、高度）</th><th rowspan="2">设计运行时间</th><th rowspan="2">采样平台设置*</th><th rowspan="2">焚烧炉运行状况在线监测系统*</th><th rowspan="2">烟气自动连续在线监测系统*</th><th rowspan="2">主要污染物浓度显示屏*</th><th rowspan="2">整改措施及要求</th></tr>
<tr><th>设计方案</th><th>实际建设情况</th><th>实际建设情况</th><th>环评及批复要求</th></tr>
<tr><td>烟气净化系统</td><td></td><td></td><td></td><td></td><td></td><td></td><td></td><td></td><td></td><td></td><td></td></tr>
</table>

注：*采用旁站方式进行监理，采集、留存影像资料。

2.1.3.2　渗滤液收集和处理系统

（1）监理核查渗滤液处理系统是否和主体工程同时设计、同时施工。

（2）监理核查渗滤液处理系统的处理能力、处理工艺是否和设计一致。

（3）旁站监理渗滤液处理系统集排管网、排口设置，采集、留存影像资料。

（4）旁站监理是否设置在线监测系统，在线监测指标至少包括流量、COD、NH_3–N等，采集、留存影像资料（表2–6）。

表2–6　渗滤液收集及处理系统施工阶段监理表

<table>
<tr><th rowspan="2">项目</th><th rowspan="2">施工时间</th><th colspan="2">处理工艺和处理能力</th><th rowspan="2">设计运行时间</th><th rowspan="2">集排管网、排口设置情况*</th><th rowspan="2">在线监测系统*</th><th rowspan="2">整改措施及要求</th></tr>
<tr><th>设计方案</th><th>实际建设情况</th></tr>
<tr><td>渗滤液处理系统</td><td></td><td></td><td></td><td></td><td></td><td></td><td></td></tr>
</table>

注：*采用旁站方式进行监理，并采集、留存影像资料。

2.1.3.3　厂区降噪措施

（1）监理核查厂区降噪措施是否和主体工程同时设计、同时施工。

（2）巡视检查项目配套的消声、隔声、减振等噪声防治设施数量、位置与技术参数的落实情况。

（3）旁站减振基础等隐蔽工程施工，巡视检查噪声防治设备（如烟囱消声器、高噪声设备隔声罩等）的建设和安装（表2–7）。

表2–7　厂区降噪措施施工阶段监理表

<table>
<tr><th rowspan="2">项目</th><th rowspan="2">施工时间</th><th colspan="2">处理工艺</th><th rowspan="2">减振基础等隐蔽工程施工情况*</th><th rowspan="2">噪声防治设备安装及建设</th><th rowspan="2">整改措施及要求</th></tr>
<tr><th>设计方案</th><th>实际建设情况</th></tr>
<tr><td>厂区降噪措施</td><td></td><td></td><td></td><td></td><td>烟囱消声器、高噪声设备隔声罩等</td><td></td></tr>
</table>

注：*采用旁站方式进行监理，采集、留存影像资料。

2.1.3.4 飞灰收集和处理系统

（1）监理核查飞灰固化处理设施是否和主体工程同时设计、同时施工。

（2）监理核查飞灰固化处理设施处理工艺、处理能力和设计是否一致。

（3）监理核查飞灰处理系统是否完善。飞灰收集、输送与处理系统应包括飞灰收集、输送、储存、排料、处理等设施，上述各装置均应设置成密闭状态。

（4）监理储灰罐容量设置是否合理。收集飞灰用的储灰罐容量，按飞灰额定产生量计算，应按不少于3天飞灰额定产生量确定，储灰罐需设有料位指示、除尘、防止灰分板结的设施。

（5）旁站监理飞灰暂存、处置场所的防渗工程，采集、留存影像资料（表2–8）。

表2–8 飞灰收集及处理系统施工阶段监理表

项目	施工时间	处理工艺和处理能力		飞灰处理系统主要构成部分及其密闭性	储灰罐容量	飞灰暂存、处置场所的防渗工程*	整改措施及要求
		设计方案	实际建设情况				
飞灰收集及处理系统							

注：*采用旁站方式进行监理，采集、留存影像资料。

2.1.3.5 厂区防渗工程

（1）旁站监理厂区特别是重点区域（垃圾坑、渗滤液收集池、渗滤液处理站、飞灰固化车间）的防渗工程建设，并采集、留存影像资料。

（2）监理是否按要求在垃圾贮坑、渗滤液收集池、渗滤液处理设施、飞灰固化车间及厂区地下水下游厂界处设置地下水水质监控井（表2–9）。

表2-9　厂区防渗工程施工阶段监理内容一览表

序号	项目	防渗工程建设采取的具体措施*		地下水水质监控井设置情况	整改措施及要求
		设计方案	实际建设情况		
1	垃圾贮坑				
2	渗滤液收集池				
3	渗滤液处理站				
4	飞灰固化车间				

注：*采用旁站方式进行监理，采集、留存影像资料。

2.1.3.6　厂区一般生产废水、生活污水和初期雨水处理系统

（1）监理核查一般生产废水、生活污水和初期雨水处理系统是否和主体工程同时设计、同时施工。

（2）监理核查一般生产废水、生活污水和初期雨水处理系统的处理能力、处理工艺是否和设计一致。

（3）旁站监理一般生产废水、生活污水及初期雨水处理系统集排管网、排口设置，采集、留存影像资料（表2-10）。

表2-10　厂区一般生产废水、生活污水及初期雨水处理系统施工阶段监理表

项目	施工时间	处理工艺和处理能力		设计运行时间	集排管网、排口设置情况*	整改措施及要求
		设计方案	实际建设情况			
厂区一般生产废水、生活污水及初期雨水处理系统						

注：*采用旁站方式进行监理，采集、留存影像资料。

2.1.3.7 环境风险防范措施

（1）核实项目环境风险防范措施（事故池的数量与容积、围堰的容积）和措施的落实情况。

（2）旁站监理环境风险防范设施和措施的防渗工程、导排截断工程（雨水管网截流阀）建设，采集、留存影像资料（表2-11）。

表2-11　厂区环境风险防范工程施工阶段监理表

序号	项目	数量及容积		防渗工程建设情况*	导排截断工程建设情况*	整改措施及要求
		设计方案	实际建设情况			
1	事故池					
2	油库、氨水库围堰					

注：*采用旁站方式进行监理，采集、留存影像资料。

2.1.3.8 搬迁安置

（1）核实完成环境保护目标搬迁位置、搬迁数量和搬迁计划的落实情况。

（2）巡视检查环境保护搬迁安置区配套环境保护设施的建设。

2.1.4 主体设施、公用及辅助设施

（1）核实垃圾贮坑容积，一般应满足5～7天的垃圾储存量，能够保证容纳在焚烧炉检修停运期间收集的垃圾量。

（2）巡视垃圾池间需设置事故与紧急排风装置，排风口不少于3个，并均匀布置，排风系统配置除臭设施。

（3）核实是否设置垃圾料位监测或监视装置，焚烧线的重要环节及焚烧厂的重要场合，设置工业电视监视系统。

（4）核实炉渣储存设施容量，炉渣储存设施容量需满足3～5天储存量。

（5）如果将除化学性废物以外的医疗废物、生物发酵制药残渣在生活垃圾焚烧炉中进行共处置，核实是否在焚烧炉上设置独立的废物投料口，并采取与其他废物隔离的装卸、贮存和投料措施。

（6）烟气处理采用半干法工艺时，须配备可靠的中和剂浆液制备、储存和供给系统，中和剂储罐的容量应按4～7天的用量设计，储罐需设有中和剂的破拱装置和扬尘收集系统，中和剂浆输送泵不少于2台，并有备用；采用干法工艺时，中和剂喷入口的上游，要设置烟气降温设施，并配有准确的给料计量装置。

（7）核实是否设置独立于主控系统的紧急停车系统。

（8）核实是否建设封闭式围墙，并设置绿化隔离带，宽度不宜小于10m，但厂区总的绿地率应小于30%。

（9）核实是否设置清污分流系统及雨污分流系统。

（10）核实企业是否按照《固定污染源排气中颗粒物测定与气态污染物采样方法》（GB/T 16157—1996）的要求设置永久采样孔及监测平台。

2.2　生活垃圾焚烧发电厂试运行阶段环境监管

生活垃圾焚烧发电厂试生产阶段的环境监理工作主要是针对建设项目从试运行到完成竣工环保验收这一时间段内环保“三同时”、运行工况在70%以上时环保设施运行情况及效果、生态保护措施和环保措施的落实、环境保护制度的制定与落实、污染物达标排放以及生态恢复等情况进行督促与检查。

2.2.1 核查废气、废水、噪声等污染物的排放情况

（1）核查焚烧炉性能检测报告，记录焚烧炉型号、运行工况、生活垃圾入炉量及成分、烟气处理系统设备型号、吸附剂及脱硫、脱硝剂用量、烟气在线检测数据等，并做好烟气处理设施调试记录，在工况稳定的条件下取样检测SO_2、NO_x、颗粒物、HCl、二噁英、汞及其化合物（以Hg计）、镉、铊及其化合物（以Cd+Ti计）以及锑、砷、铅、钴、铜、锰、镍、钒及其化合物（以Sb+As+Pb+Cr+Co+Cu+Mn+Ni+V计）等，结合《生活垃圾焚烧污染控制标准》（GB 18485—2014）的相关要求，对相应指标按小时均值、24小时均值及测定均值进行判断，确保烟气排放浓度能够达到环境影响报告书及环评批复的要求（表2-12）。

表2-12 试运行阶段废气排放监测结果统计表

序号	监测日期	监测单位	污染物	浓度		是否达标
				监测值	设计标准值*	
1			SO_2			
2			NO_x			
3			二噁英			
4			HCl			
5			汞及其化合物			
6			镉、铊及其化合物			
7			锑、砷、铅、钴、铜、锰、镍、钒及其化合物			

注：*1～4项分别监测1小时均值及24小时均值，5～7项测定均值。

（2）记录生活垃圾卸料大厅贮坑、生活垃圾渗滤液收集池配套的风机型号和运行工况，对厂界无组织排放监控点中氨、硫化氢、甲硫醇和臭气浓度等进行监测，确保上述指标符合环境影响报告书及批复文件要求（表2–13）。

表2-13　试运行阶段恶臭气体排放监测结果统计表

序号	监测日期	监测单位	污染物	监测浓度				标准值	是否达标
				上风向	下风向	下风向	下风向		
1			臭气浓度						
2			甲硫醇						
3			硫化氢						
4			氨气						

（3）记录废水来源、废水产生量、在线检测数值等，并做好废水处理设施调试记录，采集废水样品进行COD、BOD_5、氨氮、总磷及重金属等指标的检测分析，确保经处理后的废水满足环境影响报告书及环评批复中的限值要求。同时，如项目使用二次循环冷却方式时，还需考虑在冷却塔下排水口处采集样品进行检测（表2–14）。

表2-14　试运行阶段废水处理设施监测结果统计表

序号	监测日期	监测单位	污染物	浓度		最终去向	是否达标
				监测值	标准值		
1			COD_{Cr}				
2			BOD_5				
3			NH_3–N				
4			TP				
5			Pb				
6			Ni				

续表

序号	监测日期	监测单位	污染物	浓度		最终去向	是否达标
				监测值	标准值		
7			Hg				
8			Cu				
9			……				

（4）核查项目采取的降噪措施落实情况以及降噪效果情况，重点关注排气筒及冷却塔的降噪措施，监测点位需考虑厂界及周围敏感点，确保噪声监测值达标（表2–15）。

表2-15　试运行阶段厂界噪声排放监测结果统计表

序号	监测日期	监测单位	昼间噪声［dB（A）］		夜间噪声［dB（A）］		是否达标
			监测值	标准值	监测值	标准值	
1							
2							

（5）对固化处理后的飞灰进行检测，检测项目包括含水率、铅、镍、汞、铜等重金属指标，分析其是否能够满足《生活垃圾填埋场污染控制标准》（GB 16889—2008）限值要求（表2–16）。

表2-16　试运行阶段飞灰固化体浸出液结果统计表

序号	监测日期	监测单位	污染物	浓度		是否达标
				监测值	标准值	
1			含水率			
2			Pb			
3			Ni			
4			Hg			
5			Cu			
6			……			

2.2.2 核查污染物总量排放情况

通过对在线监测和现场监测数据进行分析，核查大气污染物、水污染物、固体废弃物等是否满足排放总量的要求（表2-17）。

表2-17 试运行阶段企业污染物总量统计结果

序号	控制项目	总量指标	实际排放量	是否满足总量排放要求
1	SO_2			
2	NO_x			
3	……			

2.2.3 各类在线监控设备使用状况

监理焚烧炉运行状况在线监测系统（至少包括烟气中一氧化碳浓度和炉膛内焚烧温度）、焚烧烟气自动连续在线监测系统（至少包括一氧化碳、颗粒物、二氧化硫、氮氧化合物和氯化氢）、排烟主要污染物浓度显示屏、渗滤液处理设施自动在线监测系统以及工业电视监视系统是否能正常使用（表2-18）。

表2-18 试运行阶段各类在线监控设备调试情况

序号	项目	设施的完整性	设施能否正常使用	主要监控项目、指标		整改措施及要求
				标准要求	实际情况	
1	焚烧炉运行状况在线监测系统			至少包括烟气中一氧化碳浓度和炉膛内焚烧温度		
2	烟气自动连续在线监测系统			至少包括一氧化碳、颗粒物、二氧化硫、氮氧化合物和氯化氢		

续表

序号	项目	设施的完整性	设施能否正常使用	主要监控项目、指标		整改措施及要求
				标准要求	实际情况	
3	排烟主要污染物浓度显示屏					
4	渗滤液处理设施自动在线监测系统					
5	工业电视监视系统					

2.2.4 核查环境监测计划的落实情况

依照《关于进一步加强生物质发电项目环境影响评价管理工作的通知》（环发〔2008〕82号）要求，生活垃圾焚烧发电厂投产前，需要进行大气、土壤二噁英环境本底监测。同时，须按照环评文件及其批复以及相关环保法规制定相应合理、可行的环境跟踪监测计划（表2-19）。

表2-19 试运行阶段环境本底监测落实情况

序号	项目	监测日期	监测单位	监测点位	监测指标	浓度		是否达标
						监测值	标准值	
1	环境空气				二噁英			
2	土壤				二噁英			

2.2.5 核查生态恢复效果

核查内容包括临时占地的生态恢复情况、厂内景观及绿化工程落实情况、水土保持措施落实情况等。如核查是否设置绿化隔离带及实际宽度是否大于10m，核查厂区总的绿地率是否超过30%等（表2-20）。

表2-20 试运行阶段生态恢复措施落实情况

序号	采取的生态措施	取得的效果	整改措施及要求
1	临时占地恢复措施		
2	……		

2.2.6 拆迁安置落实情况

核查项目环境防护距离范围内（不小于300m）的居民区以及学校、医院等敏感保护目标的拆迁安置落实情况，上述环境防护距离范围内的敏感点须在项目试生产前全部拆除，完成敏感保护目标搬迁安置等问题（表2-21）。

表2-21 试运行阶段拆迁安置落实情况

序号	拆迁计划敏感点	拆除时间	安置落实情况		整改措施及要求
			设计安置方案	实际安置落实情况	
1	敏感点1				
2	……				

2.2.7 公众参与整改承诺落实情况

核实企业在环评阶段及项目施工期间公众反映问题的承诺整改措施是否落实到位（表2-22）。

表2-22 试运行阶段公众参与整改承诺落实情况

序号	整改承诺	落实时间	落实情况		整改措施及要求
			设计整改方案	实际落实情况	
1	事项1				
2	……				

2.2.8 “以新带老”执行情况

若项目属于改扩建工程，则须根据环评文件及其批复提出的相关“以新带老”措施落实情况进行跟踪，督促建设单位严格按照环评文件及批复落实好相关的“以新带老”措施，并取得环保主管部门的认可（表2-23）。

表2-23 “以新带老”落实情况

序号	“以新带老”事项	落实时间	落实情况		整改措施及要求
			设计整改方案	实际落实情况	
1	事项1				
2	……				

2.2.9 清污分流及雨污系统建设，以及厂外配套污水管网建设情况

核实企业是否建成清污分流及雨污分流系统。若企业渗滤液、一般废水及生活污水和初期雨水未经处理达到接纳污水处理厂纳管标准后进入城市二级污水处理厂处理，则在项目进行试生产前，要确保厂外配套污水管网建设完成，避免产生新的环境问题。根据《生活垃圾焚烧污染控制标准》（GB 18485—2014）中相关规定，若通过污水管网或采用密闭输送方式输送至采用二级处理方式的城市污水处理厂处理时，在项目试生产阶段，须核实拟接纳项目渗滤液的城市二级污水处理厂能确保接纳渗滤液及车辆清洗废水总量不超过污水处理量的0.5%；城市二级污水处理厂设有生活垃圾渗滤液和车辆清洗废水专用调节池。

2.2.10　飞灰处理处置情况

若企业飞灰经固化满足《生活垃圾填埋场污染控制标准》（GB 16889—2008）后送至卫生填埋场填埋，则在项目进行试生产前，要确保接纳卫生填埋场有足够容积满足项目飞灰产生量，避免产生新的环境问题。若企业将飞灰委托其他单位处置，则须核查企业是否和相关单位签订危废处置合同、处置单位的资质及处理能力是否能满足项目需转移的飞灰量等。

2.2.11　垃圾运输优化情况

监理是否严格落实环境影响报告书中提出的运输路线，运输车是否做到密闭且生活垃圾渗滤液应配备防止滴漏的措施，是否落实对运输车辆的跟踪监管措施。

2.2.12　环境风险防范措施监管

核查生活垃圾焚烧发电厂是否按照环评批复中相关要求编制环境风险事故应急预案、预案中提出的应急措施是否落实等，督促项目建设单位及时办理环境风险应急预案备案手续。

重点核查生活垃圾渗滤液应急事故收集池的容量与防渗透措施和设计文件要求是否一致。核查企业是否建有专门的事故池，事故池容积是否足够容纳企业最大一次消防废水量（若企业使用液氨或者氨水作为脱硝介质，还须考虑液氨或氨水储罐的泄露量），雨水排放口需设置截流阀，事故池设置位置应有利于消防废水及泄露物料的收集。

核实环境风险应急物资储备情况，并按表2-24要求进行记录。

表2-24　试运行阶段环境风险应急防范措施落实情况

项目	编制单位	编制时间	是否到环保主管部门进行备案	应急物资配备情况	风险应急设施建设情况	整改措施及要求
环境风险应急预案及防范设施						

2.2.13　排污口规范化建设

核实企业是否符合国家环境保护局和国家技术监督局发布的中华人民共和国国家标准《环境保护图形标志—排放口（源）》（GB 15562.1—1995）和《环境保护图形标志》（GB 15562.2—1995）固体废物贮存（处置）场的要求。规范化设置废气排放口、废水排放口（若有）、固废临时贮存场所相应的环境保护图形标志牌，并按表2-25要求进行记录。

表2-25　试运行阶段排污口规范化建设情况

序号	项目	污染源类型	一般污染源采样（计量）装置设置位置	标志牌制作、监制和填写是否全面、规范	有毒有害污染源是否设立警告性环境保护图形标志牌	整改措施及要求
1	废气					
2	废水					
3	噪声					
4	固体废物					

2.2.14　采样孔及采样平台规范化建设

核实企业是否按照《固定污染源排气中颗粒物测定与气态污染物采样方法》（GB/T 16157—1996）的要求设置永久采样孔。核实企业是否按照《生

活垃圾焚烧污染控制标准》（GB 18485—2014）要求，在采样孔的正下方约1m处设置不小于3m^2的带护栏的安全监测平台，并设置永久电源（220V）以便放置采样设备，进行采样操作。

2.3　本章小结

通过实施生活垃圾焚烧发电厂环境监理，可以对生活垃圾焚烧发电厂进行专业化环境监督管理工作，使得项目实施全过程的环境影响都得到有效控制，生活垃圾焚烧发电厂试生产阶段的环境监理亦能保证项目最终顺利通过竣工环保验收。生活垃圾焚烧发电厂作为公众重点关注的焦点项目之一，非常有必要开展环境监理工作，从而有利于消除污染隐患、降低环境风险、化解环境纠纷。目前我国的环境监理工作处于刚起步阶段，生活垃圾焚烧发电厂各个阶段的环境监理要点需结合项目所在地的法律法规、自然环境和环境监理实施情况等综合分析和整理，需要不断完善和探索。通过结合更多的生活垃圾焚烧发电厂环境监理实践案例进行归纳总结，对生活垃圾焚烧发电厂环境监理各阶段的要点分析将会更加全面和实际，使得其更具可操作性和合理性。

PART

3

第3章

生活垃圾焚烧发电厂环保合规化核查

3.1　环保合规化核查要点

3.1.1　制度落实和责任履行情况

（1）建设项目环境保护责任的履行情况。

（2）排污许可制度、环境影响评价制度等环境管理制度落实情况，包括是否按照排污许可证规定记录和保存环境管理台账、是否按照排污许可证规定提交排污许可证执行报告等内容。

（3）检查对象能否有序应对突发环境事件。

3.1.2　垃圾焚烧炉运行情况

（1）烟气停留时间。

（2）垃圾焚烧炉的正常工况时长，以及工况标记的次数和时长。

3.1.3　污染防治设施运行情况

（1）螯合剂、氨水/尿素、生石灰/熟石灰、活性炭、絮凝剂、次氯酸等环保耗材的实际用量。

（2）渗滤液、焚烧飞灰、焚烧炉渣的产率。

3.1.4　污染物排放情况

（1）污染物排放是否超过许可排放浓度、许可排放量。

（2）污染物排放与行业经验值的相符性。

3.1.5　自行监测情况

（1）自行监测是否按照《生活垃圾焚烧污染控制标准》（GB 18485—2014）、《排污单位自行监测技术指南　总则》（HJ 819—2017）、《排污单位自行监测技术指南　固体废物焚烧》（HJ 1205—2021）、《工业企业土壤和地下水自行监测　技术指南》（HJ 1209—2021）、环境影响评价文件和排污许可证的要求开展。

（2）自行监测数据质量是否可靠。

3.2　环评及批复执行情况

根据生态环境部印发的《建设项目竣工环境保护验收技术指南污染影响类》要求，建设项目在项目验收时必须自查环保手续履行情况，以明确工程实际建设情况和环境保护设施落实情况，主要包括4个方面。

3.2.1　检查建设情况

对照环境影响报告书（表）及其生态环境主管部门审批文件等资料，检查项目建设性质、建设规模、建设地点，主要生产工艺、主要产品及产量、原辅材料使用情况，以及项目主体及辅助工程、公用工程、储运工程、依托工程等情况。

3.2.2 检查排污设施

按照废气、废水、噪声、固体废物的顺序，逐项自查环境影响报告书（表）及其审批部门审批决定中的污染物治理/处置设施建成情况，如废水处理设施类别、规模、工艺及主要技术参数，排放口数量及位置；废气处理设施类别、处理能力、工艺及主要技术参数，排气筒数量、位置及高度；主要噪声源的防噪降噪设施；辐射防护设施类别及防护能力；固体废物的储运场所及处置设施等。

3.2.3 检查防范设施

按照环境风险防范、在线监测和其他设施的顺序，逐项自查环境影响报告书（表）及其审批部门审批决定中的其他环境保护设施建成情况，如装置区围堰、防渗工程、事故池；规范化排污口及监测设施、在线监测装置；“以新带老”改造工程、关停或拆除现有工程（旧机组或装置）、淘汰落后生产装置；生态恢复工程、绿化工程、边坡防护工程等。

3.2.4 自查并整改

自查发现未落实环境影响报告书（表）及其审批部门审批决定要求的环境保护设施的，应及时整改。自查发现项目性质、规模、地点、采用的生产工艺或者防治污染、防止生态破坏的措施发生重大变动，且未重新报批环境

影响报告书（表）或环境影响报告书（表）未经批准的，建设单位应及时依法依规履行相关手续。

3.3　污染防治设施“三同时”建设

我国2015年1月1日开始施行的《中华人民共和国环境保护法》第四十一条规定：“建设项目中防治污染的设施，应当与主体工程同时设计、同时施工、同时投产使用。防治污染的设施应当符合经批准的环境影响评价文件的要求，不得擅自拆除或者闲置。”

“三同时”制度适用的主体是所有从事对环境有影响的建设项目的单位，包括从事一切新建、扩建、改建和技术改造项目的主体，同时也包括区域开发建设项目以及中外合资、中外合作、外商独资的引进项目的主体等。生活垃圾焚烧发电厂在建设项目正式施工前，建设单位必须向环境保护行政主管部门提交初步设计中的环境保护篇章，在环境保护篇章中必须落实防治环境污染和生态破坏的措施以及环境保护设施投资概算，环境保护篇章经审查批准后，才能纳入建设计划，并投入施工，建设项目的主体工程完工后，需要进行试生产的，其配套建设的环境保护设施必须与主体工程同时投入试运行。

3.4 排污口及采样平台规范化

《中华人民共和国大气污染防治法》规定："企业事业单位和其他生产经营者向大气排放污染物的，应当依照法律法规和国务院生态环境主管部门的规定设置大气污染物排放口。"《建设项目竣工环境保护验收技术指南 污染影响类》（以下简称《指南》）的其他环境保护设施提到要规范化排污口及监测设施、在线监测装置，严格按此实施，没有配套环境监测设施将不具备环保"三同时"验收条件。《指南》附录推荐"三同时"验收监测报告模板的规范化排污口、监测设施及在线监测装置一节中提到：简述废水、废气排放口规范化及监测设施建设情况，如废气监测平台建设、通往监测平台通道、监测孔等；在线监测装置的安装位置、数量、型号、监测因子、监测数据是否联网等。

排污单位应当按要求对排污口进行立标、建档管理，按监测标准规范的具体要求进行排污口的规范化设置。设置规范化的排污口，应包括监测平台、监测开孔、通往监测平台的通道（应设置1.1m高的安全防护栏）、固定的永久性电源等。同时，排污的规范化设置应综合考虑自动监测与手动监测的要求，当既有国家标准又有地方标准时，应从严执行。对于治理设施的VOCs 去除效率监测，应在处理设施的废气进口、出口处，分别设置采样位置、采样孔、采样平台等监测设施，而且为了保证烟气流速、烟气浓度、颗粒物等指标监测结果的代表性、准确性，要特别注意采样位置的规范性。

3.5　案例分析

本案例为华南地区某生活垃圾焚烧发电厂在厂区环保合规化核查过程中的具体操作，主要核查流程及内容如下。

3.5.1　核查内容

（1）废气排放：检查焚烧炉排放的废气和厂区无组织排放废气等是否满足国家和地方规定的排放标准，包括颗粒物、二氧化硫、氮氧化物、二噁英、硫化氢、臭气浓度等污染物的排放浓度。

（2）废水处理：核查废水处理设施的运行情况，确保废水排放达到相关标准。

（3）废渣处置：检查焚烧产生的废渣的处置方式，包括飞灰、炉渣等的处理和资源化利用情况。

（4）环保设施：评估环保设施的建设和运行状况，如烟气净化系统、除尘设备等。

3.5.2　核查流程

（1）现场检查：核查组对发电厂的环保设施进行现场检查，了解设施的运行状态和维护情况。

（2）数据核查：核查组核查发电厂的环保监测数据、运行记录等，核实数据的真实性和准确性。

（3）法规比对：将发电厂的实际运行情况与国家和地方的环保法规进行比对，判断其合规性。

（4）问题整改：针对核查中发现的问题，提出整改意见，要求发电厂在规定时间内完成整改。

3.5.3 核查结果

（1）废气排放方面，通过在线数据和自行监测等数据，该电厂废气排放能够达标排放，但在某些时段存在波动现象。

（2）废水处理方面，发电厂废水处理设施运行良好，废水排放达标。

（3）废渣处置方面，发电厂对废渣进行了分类处理和资源化利用，但仍存在部分飞灰未及时处置的问题。

（4）环保设施方面，发电厂环保设施基本完善，但部分设备存在老化、维护不及时等问题。

3.5.4 改进措施与建议

3.5.4.1 加强飞灰处置管理

建立完善的飞灰处置流程和制度，确保飞灰得到及时、规范的处置，加强飞灰暂存库的管理和维护，防止飞灰泄漏和污染环境。

3.5.4.2 提升环保意识与管理水平

加强员工环保培训和教育，提高员工的环保意识和操作技能；建立完善的环保管理体系，确保发电厂在运营过程中始终符合环保要求。

3.5.5　结论

核查组通过对该生活垃圾焚烧发电厂进行环保合规化核查，发现其在废气排放、灰飞处置和环保设备维护等方面存在一定问题。针对这些问题，核查组提出了相应的改进措施和建议。通过加强管理和优化设施，可以有效提升发电厂的环保合规性，实现经济效益和环境效益的“双赢”。

3.6　环境应急措施

本节环境应急措施为华南地区某生活垃圾焚烧发电厂针对可能发生的突发性环境污染事故制订的事故应急预案。预案要求各应急机构接到事故信息通报后，立即赶赴事发现场，在应急救援指挥部统一指挥下，按照各自的预案和处置规程，相互协同，密切配合，共同实施环境应急和紧急处置行动。

3.6.1　现场处置安全防护措施

（1）在情况不明或无防护情况下，现场处置队员不要盲目进入事故现场，须确保人身安全。

（2）注意在进入可能会发生火灾、爆炸的现场前，现场处置人员必须关闭移动电话，使用的工具必须是防爆工具。

（3）现场处置队员必须配备必要的个人防护器具，以防止中毒或受到伤害；为了在事发时能正确使用各种器械、用具，平时应进行严格的适应性训练。

（4）现场处置队员应注意现场的风向，应急时从上风口进入；现场处置时尽量处于上风向位置，注意对个体的保护。

（5）事发中心区应严禁一切火种，切断电源，禁止无关人员进入，立即在边界设置警戒线；根据事发情况和进展，确定可能波及区人员的撤离方向及有关措施。

（6）现场处置队员应与现场指挥部保持联系，服从统一指挥，严禁单独行动，必须有2人以上，及时报告所在位置，做好相互协作，相互配合，必要时用水枪、水炮掩护。

（7）在就近安全地带紧急抢救受伤人员，必要时及时转送医院救治或拨打120求助。

（8）事件处理后，应组织人员对现场进行认真检查，防止再次造成事故；现场处置时保护好现场，以便查清事件原因，吸取教训，制订防范措施。

（9）在进行设备的维修或更换、管道疏通等作业时，注意保证现场通风状况良好，同时保证有至少一名监护人。

（10）应急救援结束后，各应急小组应清点本组人数，并向现场指挥部报告，如发现有人失踪，应立即向现场指挥部报告并立即采取搜救行动。

3.6.2 现场处置措施

（1）一旦突发环境事件，警戒疏导组首先要疏散无关人员，在事发区设置警戒线，隔离污染区，并根据事态变化及时调整警戒范围，确保能及时与可能受到影响区域的单位、人员联系。在发生严重的火灾爆炸等紧急情况时，应根据当时的风向选择确定上风向的一侧作为紧急集合地点，撤离人员在警戒疏导组的引导疏散下迅速撤离至安全地带。

（2）现场处置时应根据突发环境事件性质及现场实际情况采取具有针对

性的处置措施。

（3）当发生紧急情况时，首要任务是控制事发区域火源，关闭厂区雨水、污水总排口闸门，事故处置废水引至厂区事故应急池内暂存，不可随意排放到外环境。

（4）在应急处置过程中，若事态扩大，处置能力不足，事态无法得到有效控制时，现场处置队员要立即向现场指挥人员汇报，现场指挥人员将现场处置情况反馈给应急领导组，由总指挥决定是否请求增援，实施扩大的应急响应措施，必要时也可向邻近企业请求设备、器材和技术支援。

（5）医疗救护组的人员到达现场后，对中毒、受损伤人员进行现场急救，或及时送往附近医院救治，在此之前应能与接收医院取得联系。

（6）应急保障组应按现场指挥部的命令，随时待命，做好现场处置所需的材料、工具的供应工作。

（7）信息联络组应根据现场指挥部的命令，负责对内、对外联系，及时、准确报警。

（8）现场治安的相关负责人接到关于请求外援的事故预警信号后，立即派人开启厂区大门，必要时派人到相关路口带引外部救援队。当外部救援队到来后，将事故情况快速简洁地向其说明，并全力配合相关工作。若事件可能会危及人员生命危险的，参与应急的队员应尽快撤离到安全地带。

3.6.3　危险化学品泄漏现场处置措施

危险品储存处可能发生的泄漏情况：在进行危险品转移操作时不慎损坏危险品包装或容器，造成泄漏等。

3.6.3.1　储存区发生泄漏

（1）立即关闭电源，迅速撤离泄漏污染区的人员至安全区，并进行隔离，严格限制出入。

（2）将泄漏区域的其他危险品转移至安全区域，防止受到泄漏物的污染。

（3）检查其他危险品的容器、物料堆放等情况，防止其他泄漏风险。

（4）如果大量较强酸性、碱性、氧化性、还原性、腐蚀性危险品泄漏，除立即采取必要措施防止泄漏物扩散外，应立即对泄漏区域及附近可能会与泄漏物发生反应的其他危险品或容易被泄漏物腐蚀的设施设备转移至安全地点，注意转移时轻拿轻放，严防震动、撞击、重压、倒置。

3.6.3.2 生产过程中发生泄漏

（1）立即切断电源，停止作业。

（2）检查是否因原料外包装破损或因设备损坏，找出泄漏源并对损坏的设备或元件进行维修或更换，尽快恢复正常。

（3）发生事故区域，应迅速查明事故发生源点、泄漏部位和原因，凡能经切断事故源等处理措施而消除事故的，则以自救为主。如自己不能控制泄漏部位的，应向指挥中心报告并提出堵漏或抢修的具体措施。

（4）将地面清洗废水引入事故应急池内防止污染土壤和地下水，预防造成水体污染，并及时联系危险废物处置单位拉运处置。

3.6.4 火灾、爆炸事故引起的次生环境污染处置措施

针对火灾、爆炸事故引起的次生环境污染，应根据实际情况，采取以下措施进行处置。

（1）关闭电路总电源，打开事故应急池排口闸门，杜绝消防废水随雨水、一般污水排入外环境。

（2）现场发现人员在确保自身安全的前提下，关闭气源；当不能立即切

断气源时，不可盲目扑灭火源，以防造成爆炸事故。

（3）现场处置人员应协助消防部门启动厂区内的消防灭火装置和器材进行初期的消防灭火工作。

（4）采用开花水枪分层隔绝漏出的气雾与空气，以及稀释、溶解燃烧过程可能产生的有毒有害污染物，降低燃烧后产生的有毒有害污染物浓度的扩散区域，控制火势进一步扩大。

（5）及时抢运可以转移的事故场内物资，转移可能引起新危险源的物品到安全区域。

（6）事故处置过程产生的消防废水排入公司厂区设置的事故应急池内暂存，不可未处理而直接外排。

3.6.5　废气处理设施故障的处置措施

（1）发现废气处理设施故障，应立即报告公司应急办公室，根据现场情况确定是否需要停产，同时由工程部联系废气处理设施维护公司，及时对设施进行修理，排除故障后再视情况恢复生产。

（2）废气集气设施、输送管道破损导致废气泄漏的，应及时采取措施进行废气集气设施的维修和更换，以及废气改道输送，对破损部位进行抢修并测试无泄漏可能后才能恢复工作。

（3）根据现场情况采取了多种措施、经咨询专家组意见仍不能立即解决超标排放问题时，应果断下令公司停产，故障得以排除后进行试运行，监测显示废气排放因子在排放限值以下方可恢复生产。

（4）对总排口的污染物每1小时监测1次，数据应提供给专家组，专家组将分析结论、污染物演变趋势、进一步控制措施的建议提供给现场处置组和应急领导组组长，确定已无超标排放可能后，应急领导组组长下令解除应急响应。

3.6.6 事故消防废水防治措施

3.6.6.1 事故消防废水突发性风险事故分析

厂区若发生火灾事件，进行消防时会产生大量的消防废水，消防废水若不加处理，直接排入雨水管网，会对收纳水体造成不良影响，事故状况下消防废水若由雨水排放口排出，会对附近水土造成污染。发生火灾爆炸事故后，消防废水直接排放可能产生水环境污染事故，这种情况下，相关负责人立刻关闭雨水总排口闸阀，打开应急池闸口，使事故废水通过排水管道自流至池中，同时设置备用发电机，可满足发生火灾事故和化学品泄漏事故等的废水收集。事故应急池若已做好防渗防漏措施，能有效避免消防废水和泄漏化学品发生跑、冒、滴、漏的现象。

厂区排水采用雨污分流制，在发生事故时，可切换雨水阀将泄漏的物料以及消防废水截流并通过管网将其转移至调节池中。事故一旦发生，立即启动应急响应程序，第一时间打开截止阀，关闭雨水管网总排放口闸阀，使消防废水通过厂内收集管道直接进入应急池，避免消防废水四溢，造成环境污染。此外，在厂区边界预先准备适量的沙包，在厂区灭火时堵住厂界围墙有泄漏的地方，防止消防废水向场外泄漏，杜绝发生泄漏事故时污染物直接排入水体。在垃圾运输槽罐车辆出入口建设导流沟，防止事故废水外流，防止消防废水向场外泄漏，杜绝发生泄漏事故时污染物直接排入水体。

3.6.6.2 事故消防污水污染防范措施

（1）管线装置要有防火防爆技术措施。配备相应品种和数量的消防器材。禁止使用易产生火花的机械设备和工具。

（2）严格按设计规范设置排水阀和排水管道，确保消防废水能畅通地进入事故池，而不会进入附近地表水体。

（3）发生火灾事故首先采用消防沙、抗溶性泡沫、二氧化碳灭火，控制

喷淋水量。

（4）定期进行控制系统联锁的调校，确保灵敏、可靠。

（5）严禁其他下水进入消防事故池，保证该事故池处于空置状态。

3.6.7　现场处置注意事项

（1）进入现场必须确认现场是受控的，并且人员安全防护措施是足够的，防止事故扩大；应急队员必须服从指挥人员的指挥。

（2）处置人员必须穿戴好必要的劳动防护用品（呼吸器、工作服、工作帽、手套等），做好个体防护；注意事故现场的风向，应急时尽量从上风口进入；应急人员应与现场指挥部保持联系，不得个体单独行动，必须有2人以上，及时报告所在位置，相互协作、相互配合。

（3）发现泄漏或有火灾事故时，应第一时间关闭雨水、污水总排口闸门，避免泄漏物或火灾事故处置过程中产生的废水进入外环境中。

（4）若设备发生故障导致泄漏，立即关闭事故区外围电源，停止该区域的生产工作；及时对故障设备进行维修；泄漏事件处置结束后方可恢复生产。

（5）注意处置过程中采取安全处置工具，严防火种、摩擦、碰撞等；若发生气体火灾，在没有切断可燃气体泄漏源、泄漏的气体未充分燃烧时，不能将火扑灭，以免引起爆炸。

（6）当易燃易爆场所发生可燃气体混合物爆炸时，爆炸现场的操作人员应立即撤出事故现场；如发现有毒气体浓度过高，可能发生坍塌、火灾或爆炸等紧急情况时，应立即向队友发出信号或大声呼叫，撤离现场，可先撤离后报告。

（7）现场处置行动结束后，各应急小组应清点本组人数，并向现场指挥部报告，如发现有人失踪，应立即向现场指挥部报告并立即采取搜救行动。

PART

4

第4章

生活垃圾焚烧发电厂竣工环保验收监测与日常环境监测

4.1　生活垃圾焚烧发电厂竣工环保验收依据

建设项目竣工环保验收应遵循环境保护相关法律、法规和规章制度，包括《中华人民共和国环境保护法》《中华人民共和国水污染防治法》《中华人民共和国大气污染防治法》《中华人民共和国环境噪声污染防治法》《中华人民共和国固体废物污染环境防治法》《建设项目环境保护管理条例》（中华人民共和国国务院令第682号）、《建设项目竣工环境保护验收暂行办法》（国环规环评〔2017〕4号）等。

建设项目竣工环保验收应遵循相关环境保护验收技术规范，包括《生态环境部关于发布〈建设项目竣工环境保护验收技术指南　污染影响类〉的公告》（生态环境部公告2018年第9号）、《生活垃圾焚烧污染控制标准》（GB 18485—2014）及修改单、《危险废物贮存污染控制标准》（GB 18597—2001）及修改单、《一般工业固体废物贮存、处置场污染控制标准》（GB 18599—2020）、《固定污染源监测质量保证与质量控制技术规范（试行）》（HJ/T 373—2007）、《污染影响类建设项目重大变动清单（试行）》（环办环评函〔2020〕688号）等。

建设项目环境影响报告书（表）及其审批部门审批决定。

此外，生活垃圾焚烧发电厂竣工环保验收依据还有建设项目设计文件等其他资料。

4.2　生活垃圾焚烧发电厂竣工环保验收监测内容与结果评价

4.2.1　环保设施调试运行效果监测

4.2.1.1　环境保护设施处理效率监测

（1）各种废水处理设施的处理效率。

（2）各种废气处理设施的去除效率。

（3）固（液）体废物处理设备的处理效率和综合利用率等。

（4）用于处理其他污染物的处理设施的处理效率。

（5）辐射防护设施屏蔽能力及效果。

若不具备监测条件，无法进行环保设施处理效率监测的，需在验收监测报告（表）中说明具体情况及原因。

4.2.1.2　污染物排放监测

（1）排放到环境中的废水、环境影响报告书（表）及其审批部门审批决定中有回用或间接排放要求的废水。

（2）排放到环境中的各种废气，包括有组织排放和无组织排放。

（3）产生的各种有毒有害固（液）体废物，需要进行危废鉴别的，按照相关危废鉴别技术规范和标准执行。

（4）厂界环境噪声。

（5）环境影响报告书（表）及其审批部门审批决定、排污许可证规定的总量控制污染物的排放总量。

（6）场所辐射水平。

4.2.2 环境质量影响监测

环境质量影响监测主要针对环境影响报告书（表）及其审批部门审批决定中关注的环境敏感保护目标的环境质量，包括地表水、地下水和海水、环境空气、声环境、土壤环境、辐射环境质量等的监测。

4.2.3 监测因子确定原则

监测因子确定的原则如下：

（1）环境影响报告书（表）及其审批部门审批决定中确定的污染物。

（2）环境影响报告书（表）及其审批部门审批决定中未涉及，但实际生产可能产生的污染物。

（3）环境影响报告书（表）及其审批部门审批决定中未涉及，但现行相关国家或地方污染物排放标准中有规定的污染物。

（4）环境影响报告书（表）及其审批部门审批决定中未涉及，但现行国家总量控制规定的污染物。

（5）其他影响环境质量的污染物，如调试过程中已造成环境污染的污染物，国家或地方生态环境部门提出的、可能影响当地环境质量、需要关注的污染物等。

4.2.4 验收监测频次确定原则

为使验收监测结果全面真实地反映建设项目污染物排放和环境保护设施的运行效果，采样频次应能充分反映污染物排放和环境保护设施的运行情况，因此，监测频次一般按以下6个原则确定。

（1）对有明显生产周期、污染物稳定排放的建设项目，污染物的采样和

监测频次一般为2～3个周期，每个周期3至多次（不应少于执行标准中规定的次数）。

（2）对无明显生产周期、污染物稳定排放、连续生产的建设项目，废气采样和监测频次一般不少于2天、每天不少于3个样品；废水采样和监测频次一般不少于2天，每天不少于4次；厂界噪声监测一般不少于2天，每天不少于昼夜各1次；场所辐射监测运行和非运行两种状态下每个测点测试数据一般不少于5个；固体废物（液）采样一般不少于2天，每天不少于3个样品，分析每天的混合样，需要进行危废鉴别的，按照相关危废鉴别技术规范和标准执行。

（3）对污染物排放不稳定的建设项目，应适当增加采样频次，以便能够反映污染物排放的实际情况。

（4）对型号、功能相同的多个小型环境保护设施处理效率监测和污染物排放监测，可采用随机抽测方法进行。抽测的原则为：同样设施总数大于5个且小于20个的，随机抽测设施数量比例应不小于同样设施总数量的50%；同样设施总数大于20个的，随机抽测设施数量比例应不小于同样设施总数量的30%。

（5）进行环境质量监测时，地表水和海水环境质量监测一般不少于2天，监测频次按相关监测技术规范并结合项目排放口废水排放规律确定；地下水监测一般不少于2天，每天不少于2次，采样方法按相关技术规范执行；环境空气质量监测一般不少于2天，采样时间按相关标准规范执行；环境噪声监测一般不少于2天，监测量及监测时间按相关标准规范执行；土壤环境质量监测至少布设3个采样点，每个采样点至少采集1个样品，采样点布设和样品采集方法按相关技术规范执行。

（6）对设施处理效率的监测，可选择主要因子并适当减少监测频次，但应考虑处理周期并合理选择处理前和处理后的采样时间，对于不稳定排放的，应关注最高浓度排放时段。

4.3 生活垃圾焚烧发电厂日常环境监测

《排污许可管理办法》（生态环境部令第32号）要求排污单位在申请排污许可证时，应当按照自行监测技术指南，编制自行监测方案。《排污单位自行监测技术指南　总则》（HJ 819—2017）要求排污单位为掌握本单位的污染物排放状况及其对周边环境质量的影响等情况，按照相关法律法规和技术规范，组织开展的环境监测活动。

排污单位应查清所有污染源，确定主要污染源及主要监测指标，制订监测方案。监测方案内容包括单位基本情况、监测点位及示意图、监测指标、执行标准及其限值、监测频次、采样和样品保存方法、监测分析方法和仪器、质量保证与质量控制等。

生活垃圾焚烧发电厂日常环境监测主要内容包括以下4个方面。

4.3.1 污染物排放监测

包括废气污染物（以有组织或无组织形式排入环境）、废水污染物（直接排入环境或排入公共污水处理系统）及噪声污染等。

4.3.2 周边环境质量影响监测

污染物排放标准、环境影响评价文件及其批复或其他环境管理条例有明确要求的，排污单位应按照要求对其周边相应的空气、地表水、地下水、土壤等环境质量开展监测；其他排污单位根据实际情况确定是否开展周边环境质量影响的监测。

4.3.3　关键工艺参数监测

在某些情况下，可以通过对与污染物产生和排放密切相关的关键工艺参数进行测试以补充污染物排放的监测。

4.3.4　污染治理设施处理效果监测

若污染物排放标准等环境管理文件对污染治理设施有特别要求的，或排污单位认为有必要的，应对污染治理设施处理效果进行监测。

4.4　案例分析

4.4.1　案例概况

该案例为华南地区某生活垃圾焚烧发电厂项目二期第二阶段工程竣工环境保护验收监测项目。项目二期工程位于某循环经济产业园内，园区规划建设的项目包括垃圾焚烧发电厂、垃圾填埋场、炉渣资源化利用中心等固废处理设施，是当地城乡固体废弃物无害化处理、资源化综合利用的循环经济产业园。该发电厂一期工程的3×400吨/天生活垃圾焚烧发电项目，已于2016年11月完成竣工环境保护验收；二期项目位于原一期工程南侧预留区内，规划分两个阶段进行。

第一阶段项目建设内容为2×850吨/天生活垃圾焚烧工程及对应配套系统，包括烟气净化系统、汽轮机发电系统、渗滤液处理系统及无害化填埋场等，以及第二阶段土建部分（以下简称“二期第一阶段项目”），二期第一阶段项目建设内容分别于2019年11月17日完成飞灰填埋场及其配套的环境保护设施竣工环境保护验收，于2021年3月1日完成2×850吨/天焚烧线及对应配套的烟气净化系统、汽轮机发电系统、冷却循环水系统、低浓度污水处理系统等土建和设备，不含垃圾计量系统、飞灰填埋场、渗滤液处理站及二期项目第二阶段土建部分的竣工环境保护验收。

第二阶段建设内容为安装2×850吨/天生活垃圾焚烧设施及对应配套系统，包括烟气净化系统、渗滤液处理设施等（以下简称“二期第二阶段项目”），二期第二阶段项目于2020年6月完成环境影响报告书的编制工作，并于同年8月取得生态环境局批复，项目取得环评批复后便开工建设，于2021年8月18日竣工，2021年8月19日开始调试。验收内容为二期第二阶段所有建设内容，含垃圾计量系统、渗滤液处理站、土建部分、生活污水处理系统。

4.4.2 验收依据

4.4.2.1 建设项目环境保护相关法律、法规和规章制度

建设项目环境保护相关的法律、法规和规章制度主要依据以下8条。

（1）《中华人民共和国环境保护法》（2014年4月24日，第十二届全国人民代表大会常务委员会第八次会议修订）。

（2）《中华人民共和国水污染防治法》（2017年修订）。

（3）《中华人民共和国大气污染防治法》（2018年修订）。

（4）《中华人民共和国噪声污染防治法》（2022年）。

（5）《中华人民共和国固体废物污染环境防治法》（2020年修订）。

（6）《建设项目环境保护管理条例》（中华人民共和国国务院令第682号）（2017年6月21日）。

（7）《建设项目竣工环境保护验收暂行办法》（国环规环评〔2017〕4号）

（2017年11月22日）。

（8）《广东省环境保护厅关于转发环境保护部〈建设项目竣工环境保护验收暂行办法〉的函》（粤环函〔2017〕1945号）。

4.4.2.2　建设项目竣工环境保护验收技术规范

建设项目竣工环境保护验收技术规范主要依据以下6条。

（1）《生态环境部关于发布〈建设项目竣工环境保护验收技术指南　污染影响类〉的公告》（生态环境部公告2018年第9号）。

（2）《生活垃圾焚烧污染控制标准》（GB 18485—2014）及其修改单。

（3）《危险废物贮存污染控制标准》（GB 18597—2001）及修改单。

（4）《一般工业固体废物贮存、处置场污染控制标准》（GB 18599—2020）。

（5）《固定污染源监测质量保证与质量控制技术规范（试行）》（HJ/T 373—2007）。

（6）《污染影响类建设项目重大变动清单（试行）》（环办环评函〔2020〕688号）（2020年12月）。

4.4.2.3　其他验收依据

（1）该建设项目（二期第二阶段项目）环境影响报告书及其审批部门审批决定。

（2）该垃圾焚烧厂一期项目、二期第一阶段环境影响报告书及其审批部门审批决定，以及竣工环境保护验收报告。

（3）该生活垃圾发电厂的《突发环境事件应急预案环境应急预案》，包括《风险评估报告》《应急资源调查报告》《编制说明》。

（4）该建设项目（二期第二阶段项目）相关的设计、施工资料。

4.4.3 项目建设与“三同时”落实情况

4.4.3.1 项目建设主要内容

该建设项目（二期第二阶段项目）规划用地总面积为0.22km^2，其中焚烧区0.112km^2。项目建设主要包括建设2台850吨/天机械炉排焚烧炉、1台45MW纯凝汽轮机组、2台自然循环式锅炉（中温中压4MPa，450℃，额定蒸发量为84.7吨/小时）及对应的配套系统，如烟气净化系统、渗滤液处理系统，含垃圾计量系统、二期项目第二阶段土建部分和生活污水处理系统。具体内容见表4–1。

表4–1 项目建设主要内容

主要工程			本项目环评要求	本项目实际建设内容	变化情况
主体工程	垃圾发电	焚烧炉	2台850吨/天的机械炉排焚烧炉，负荷范围±10%	2台850吨/天的机械炉排焚烧炉，负荷范围±10%	无
		锅炉	2台自然循环式锅炉，中温中压（4MPa，450℃），额定蒸发量为84.74t/h	1台自然循环式锅炉，中温中压（4MPa，450℃），额定蒸发量为87t/h。另一台在二期项目第一阶段已完成验收	额定蒸发量由84.74 t/h变为87 t/h
		贮存	垃圾贮存坑有效容积按5~7天额定垃圾焚烧量确定（垃圾比重按0.45 t/m^3计），两阶段垃圾贮坑独立设置，底部配套1 500m^3渗滤液收集池	垃圾贮存坑有效容积按5~7天额定垃圾焚烧量确定（垃圾比重按0.45t/m^3计），两阶段垃圾贮坑独立设置，底部配套1 500m^3渗滤液收集池	无
		汽轮机	一台纯凝汽式汽轮机组为40MW。额定压力4.0MPa（a），额定温度450℃	一台纯凝汽式汽轮机组为40MW。额定压力4.0MPa（a），额定温度450℃	无

续表

主要工程			本项目环评要求	本项目实际建设内容	变化情况
主体工程	垃圾发电	烟气净化	烟气处理系统，包括选择性非催化还原（SNCR）炉内脱硝系统、半干法脱酸、消石灰喷射装置、活性炭喷射装置、滤袋式除尘器、选择性催化还原（SCR）脱硝系统、引风机、烟囱，共两套。氨水、石灰浆制备系统和剩余反应物输送储存系统共用。烟囱高度为80m。	烟气处理系统，包括选择性非催化还原（SNCR）炉内脱硝系统、半干法脱酸、消石灰喷射装置、活性炭喷射装置、滤袋式除尘器、选择性催化还原（SCR）脱硝系统、引风机、烟囱，共两套。氨水、石灰浆制备系统和剩余反应物输送储存系统共用。烟囱高度为80m	无
辅助工程	地磅		设3台全自动电子汽车衡（2台重50t、1台重120t），垃圾汽车衡称重范围为0~50t和0~120t，精度20kg	设3台全自动电子汽车衡（2台重50吨、1台重120吨），垃圾汽车衡称重范围为0~50t和0~120t，精度20kg	无
辅助工程	给水		来自市政自来水，生产用水部分利用一期工程取自沙田水库的水源	来自市政自来水，生产用水部分利用一期工程取自沙田水库的水源	无
辅助工程	排水		雨污分流、污水全部回用，不排放	雨污分流、污水全部回用，不排放	无
辅助工程	循环冷却		$4\times3\,000m^3/h$方形机械通风组合逆流式钢筋混凝土框架结构冷却塔1座	$4\times3\,000m^3/h$方形机械通风组合逆流式钢筋混凝土框架结构冷却塔1座	—
辅助工程	供(配)电		电源自产	电源自产	无
辅助工程	消防		消防用水来源于供水总管，主厂房的屋面另设有效容积为$18m^3$的高位消防水箱；在全厂建筑物内的不同场所，配置磷酸铵盐手提式和推车式ABC类干粉灭火器、推车式泡沫灭火器；油罐区及油泵房加设灭火沙池，设置火灾自动报警系统	第一阶段建设，已完成竣工环保验收	—

续表

主要工程		本项目环评要求	本项目实际建设内容	变化情况
辅助工程	压缩空气	水冷螺杆空气压缩机3台，其中1台为备用机；初过滤器、冷冻式干燥机、精过滤器各3台，其中1台备用；吸附干燥机、高效精过滤器、储气罐2台，其中1台备用	第一阶段建设，已完成竣工环保验收	—
	罐区	埋地钢制油罐2只，容积$20m^3$，供油泵2台，其中1台备用	第一阶段建设，已完成竣工环保验收	—
	绿化设计	绿化率30%	绿化率30%	无
环保工程	烟气净化	采用SNCR炉内脱销+半干法脱酸+干法烟道脱酸系统+烟道活性炭喷射+布袋除尘器+SCR炉外脱硝的工艺进行烟气净化	采用SNCR炉内脱销+半干法脱酸+干法烟道脱酸系统+烟道活性炭喷射+布袋除尘器+SCR炉外脱硝的工艺进行烟气净化	无
	无组织除臭系统	采用封闭式垃圾运输车；在垃圾坑上方抽气作为燃烧空气，使坑内区域形成负压，以防恶臭外溢；垃圾卸料平台设置自动开启门，在垃圾车倾倒垃圾时自动开启，倒完自动关闭；进卸料大厅的大门上带有空气幕帘。锅炉事故停运或检修时，垃圾贮坑排气采用活性炭废气净化器装置除臭	采用封闭式垃圾运输车；在垃圾坑上方抽气作为燃烧空气，使坑内区域形成负压，以防恶臭外溢；垃圾卸料平台设置自动开启门，在垃圾车倾倒垃圾时自动开启，倒完自动关闭；进卸料大厅的大门上带有空气幕帘。锅炉事故停运或检修时，垃圾贮坑排气采用活性炭废气净化器装置除臭	无
	污水处理	渗滤液等高浓度废水进入高浓度废水处理系统，采用“升流式厌氧污泥床（UASB）+膜生物反应器（MBR）+纳滤+反渗透”的处理工艺，经处理回用，不外排。处理规模为$600m^3/d$。	渗滤液等高浓度废水进入高浓度废水处理系统，采用“升流式厌氧污泥床（UASB）+膜生物反应器（MBR）+纳滤+反渗透”的处理工艺，经处理回用，不外排。处理规模为$700m^3/d$。	高浓度废水处理系统处理能力由$600\ m^3/d$增加至$700m^3/d$，生活污水处理系统（原环评中低浓度废水处理

续表

主要工程		本项目环评要求	本项目实际建设内容	变化情况
环保工程	污水处理	生活办公污水、化验室污水以及初期雨水进入低浓度污水处系统，采用一体化MBR 生化处理+消毒处理的方式，经处理回用，不外排。处理规模为60m³/d。 水源净化系统排水、锅炉制水设备反冲洗水、循环水系统排污水等属于无机类废水，进入无机废水处理系统，采用“机械格栅+废水调节池+机械澄清池+UF超滤+RO反渗透”组合处理后，用循环冷却水系统处理。处理规模为150 m³/d	生活办公污水进入生活污水处系统，采用一体化MBR 生化处理+消毒处理的方式，经处理回用，不外排。处理规模为72m³/d。 水源净化系统排水、锅炉制水设备反冲洗水、循环水系统排污水等无机类废水，化验室污水以及初期雨水等废水进入低浓度废水处理系统采用“机械格栅+废水调节池+机械澄清池+UF超滤+RO 反渗透”组合处理后，用循环冷却水系统处理。处理规模为840 m³/d	系统）处理能力由60m³/d增加至72 m³/d，低浓度废水处理系统（原环评中无机废水处理系统）处理能力由150m³/d增加至840 m³/d，处理规模增加。高浓度废水和生活污水处理能力增加，提高了对应废水的处理能力，低浓度废水处理系统的增加，提高了废水回用水质及回用能力，有利于设备稳定运行
	炉渣处理	炉渣送往一期炉渣综合利用厂制砖外售	炉渣送往一期炉渣综合利用厂制砖外售	无
	飞灰处理	固化飞灰检测其浸出毒性符合《生活垃圾填埋场污染控制标准》（GB 16889—2008）后，送填埋场填埋处理	固化飞灰检测其浸出毒性符合《生活垃圾填埋场污染控制标准》（GB 16889—2008）后，送填埋场填埋处理	无

4.4.3.2 “三同时”落实情况

建设项目严格执行环境保护的相关法律法规，执行国家有关于建设项目环保审批手续及落实“三同时”制度的要求，环保设施与主体工程同时设计、同时施工、同时投入运行，各类污染物均得到安全有效的处理。本项目已按照环评报告书和批复要求基本落实了运营期间废气防治措施、废水防治措施、噪声防治措施以及固废防治措施。

4.4.4 验收标准

4.4.4.1 废气评价标准

有组织排放废气中的颗粒物（烟尘）、氮氧化物、二氧化硫、氯化氢、汞及其化合物、镉+铊及其化合物、锑+砷+铅+铬+钴+铜+锰+镍及其化合物、二噁英类、一氧化碳等污染物排放执行环评报告书及批复提出的污染物浓度限值。

无组织排放废气中的氨、硫化氢、甲硫醇、臭气浓度等污染物排放执行《恶臭污染物排放标准》（GB 14554—1993）中新扩改建项目的二级标准。颗粒物排放浓度执行广东省《大气污染物排放标准》（DB 44/27—2001）第二时段无组织排放浓度限值。具体标准如表4-2和表4-3所示。

表4-2 有组织废气执行标准限值

污染源	污染物	单位	排气筒高度	《生活垃圾焚烧污染控制标准》（GB 18485—2014）		设计排放限值
生活垃圾焚烧炉	颗粒物	mg/m^3	80m	1小时均值	30	10
				24小时均值	20	8
	NO_x			1小时均值	300	150
				24小时均值	250	80
	SO_2			1小时均值	100	50
				24小时均值	80	30

续表

污染源	污染物	单位	排气筒高度	《生活垃圾焚烧污染控制标准》（GB 18485—2014）		设计排放限值
生活垃圾焚烧炉	HCl	mg/m³	80m	1小时均值	60	10
				24小时均值	50	10
	CO			1小时均值	100	50
				24小时均值	80	30
	Hg			测定均值	0.05	0.05
	Cd+Tl			测定均值	0.1	0.04
	Sb+As+Pb+Cr+Co+Cu+Mn+Ni			测定均值	1	0.5
	二噁英类	ng-TEQ/m³		测定均值	0.1	0.1

表4-3　无组织颗粒物执行标准限值

序号	污染物	单位	执行标准	执行限值
1	颗粒物	mg/m³	《大气污染物排放标准》（DB 44/27—2001）第二时段无组织排放浓度	1.0
2	氨		《恶臭污染物排放标准》（GB 14554—1993）中表1的二级新扩改标准	1.5
3	硫化氢			0.06
4	甲硫醇			0.007
5	臭气浓度	无量纲		20

4.4.4.2　焚烧炉的主要技术性能指标

焚烧炉的主要技术性能指标执行《生活垃圾焚烧污染控制标准》（GB 18485—2014）的要求，具体见表4–4。

表4-4　焚烧炉的主要技术性能指标

序号	内容	《生活垃圾焚烧污染控制标准》（GB 18485—2014）的标准
1	炉膛内焚烧温度	≥850℃
2	炉膛内烟气停留时间	≥2s
3	焚烧炉渣热灼减率	≤5%

4.4.4.3 废水评价标准

本项目产生的高浓度废水执行《城市污水再生利用工业用水水质标准》（GB/T 19923—2005）、《城市污水再生利用城市杂用水水质》（GB/T 18920—2002）、《水污染物排放限值》（DB 4426—2001）第二时段一级标准、《生活垃圾填埋场污染控制标准》（GB 16889—2008）一级标准中的最高标准。执行标准见表4-5。

表4-5 废水执行标准

污染物	GB/T 19923—2005	GB/T 18920—2002	DB 4426—2001第二时段一级标准	GB 16889—2008	废水执行标准
pH	6.5~8.5	6.0~9.0	6~9	—	6.5~8.5
COD_{Cr}	60	—	40	100	40
BOD_5	10	20	20	30	10
NH_3-N	10	20	10	25	10
悬浮物	30	—	20	30	20
色度（度）	30	30	40	40	30
石油类	1	—	5	—	1
总磷	1	—	0.5	3	0.5
总汞	—	—	0.05	0.001	0.001
总镉	—	—	0.1	0.01	0.01
总铬	—	—	1.5	0.1	0.1
六价铬	—	—	0.5	0.05	0.05
总砷	—	—	0.5	0.1	0.1
总铅	—	—	1.0	0.1	0.1
磷酸盐	—	—	0.5	—	0.5
溶解性总固体	1 000	—	—	—	1 000
总硬度	450	—	—	—	450
总碱度	350	—	—	—	350
硫酸盐	250	—	—	—	250
粪大肠菌群	2 000	3	—	10 000	3

续表

污染物	GB/T 19923—2005	GB/T 18920—2002	DB 4426—2001第二时段一级标准	GB 16889—2008	废水执行标准
挥发酚	—	—	0.3	—	0.3
硫化物	—	—	0.5	—	0.5
氟化物	—	—	10	—	10
阴离子表面活性剂	0.5	0.5	5.0	—	0.5
铁	0.3	0.3	—	—	0.3
锰	0.1	0.1	—	—	0.1
氯离子	250	—	—	—	250

4.4.4.4　地下水水质评价标准

地下水水质执行《地下水质量标准》（GB/T 14848—2017）中的Ⅲ类水标准，具体见表4–6。

表4-6　地下水执行标准

污染物	浓度限值/（mg/L）	污染物	浓度限值/（mg/L）
pH	6.5~8.5（无量纲）	铁（Fe）	≤0.3
总硬度（以$CaCO_3$计）	≤450	铅（Pb）	≤0.01
溶解性总固体	≤1 000	镉（Cr）	≤0.005
氨氮	≤0.50	砷（As）	≤0.01
亚硝酸盐	≤1.00	汞（Hg）	≤0.001
硝酸盐（以N计）	≤20	六价格（Cr^{6+}）	≤0.05
氟化物	≤1.0	锰（Mn）	≤0.1
氰化物	≤0.05	锌（Zn）	≤1.0
氯化物	≤250	总大肠菌群	≤3（MPN/100mL）
硫酸盐	≤250	细菌总数	≤100
挥发性酚类	≤0.002	浑浊度	≤3
铜（Cu）	≤1.0	耗氧量	≤3.0

续表

污染物	浓度限值/（mg/L）	污染物	浓度限值/（mg/L）
镍（Ni）	≤0.02	—	—
《地下水质量标准》（GB/T 14848—2017）Ⅲ类			

4.4.4.5 厂界噪声评价标准

厂界噪声执行《工业企业厂界环境噪声排放标准》（GB 12348—2008）中的2类标准。厂界噪声执行标准见表4-7。

表4-7 厂界噪声执行标准

监测因子	GB 12348—2008 2类标准限值/dB（A）	
	昼间	夜间
连续等效A声级	60	50

4.4.4.6 固体废物标准

固化后飞灰中含水率、二噁英浓度及其浸出液污染物浓度执行《生活垃圾填埋场污染控制标准》（GB 16889—2008）标准，具体见表4-8。

表4-8 固化后飞灰执行标准

序号	污染物	GB 16889—2008限值	序号	污染物	GB 16889—2008限值
1	二噁英	3μgTEQ/kg	8	铍	0.02mg/L
2	含水率	30%	9	钡	25mg/L
3	汞	0.05mg/L	10	镍	0.5mg/L
4	铜	40mg/L	11	砷	0.3mg/L
5	锌	100mg/L	12	总铬	4.5mg/L
6	铅	0.25mg/L	13	六价铬	1.5mg/L
7	镉	0.15mg/L	14	硒	0.1mg/L

4.4.4.7　土壤评价标准

本项目选址及周边建设用地土壤执行《土壤环境质量建设用地土壤污染风险管控标准（试行）》（GB 36600—2018）中第二类用地筛选值。土壤环境执行标准见表4-9。

表4-9　土壤环境执行标准

监测指标	GB 36600—2018（第二类用地筛选值）/（mg/kg）
镉	65
汞	38
砷	60
铜	18 000
铅	800
镍	900
二噁英类（毒性当量）	4.0×10^{-5}

4.4.4.8　污染物总量控制指标

严格落实废气处理“以新带老”措施。各期各阶段项目需在规定时限内满足主要污染物氮氧化物、二氧化硫排放总量控制要求。一期项目氮氧化物、二氧化硫排放总量分别为156.25t/a、58.59t/a；二期政府和社会资本合作（PPP项目，第一阶段）氮氧化物、二氧化硫排放总量分别为248.64t/a、93.24t/a；二期PPP项目(第二阶段)氮氧化物、二氧化硫排放总量分别为248.64t/a、93.24t/a。全厂氮氧化物、二氧化硫排放总量分别为653.53t/a、245.07t/a。

4.4.5　验收监测内容

4.4.5.1　环境保护设施调试运行效果监测

（1）废水。在高浓度污水处理系统出口、低浓度废水处理系统出口、生活污水处理系统出口各设1个监测点，监测主要废水污染物的处理达标情况，监测内容见表4–10。

表4-10　废水监测内容

序号	监测类别	监测项目	监测频次
1	1#低浓度污水处理系统	pH、COD_{Cr}、SS、氨氮、总磷、色度、BOD_5、磷酸盐、溶解性总固体、总硬度、总碱度、硫酸盐、粪大肠菌群、石油类、挥发酚、硫化物、氟化物、阴离子表面活性剂、铁、锰、氯离子、总汞、总镉、总铬、六价铬、总砷、总铅、总镍	每天4次，连续2天
2	生活污水处理系统		
3	2#高浓度污水处理系统		

（2）废气。

1）有组织排放。根据《固定污染源排气中颗粒物测定与气态污染物采样方法》（GB/T 16157—1996）的要求，在6#和7#焚烧炉烟气排气筒上设置监测断面，对6#和7#生活垃圾焚烧炉废气污染物的排放情况进行检测，监测内容见表4–11，监测点位见图4–1。

表4-11　有组织排放废气监测内容

序号	监测断面	监测因子	监测频次
1	6#焚烧炉废气（省煤器出口）	颗粒物、氮氧化物、二氧化硫、氯化氢、汞及其化合物、镉+铊及其化合物、锑+砷+铅+铬+钴+铜+锰+镍及其化合物、一氧化碳、二噁英类、烟气黑度、烟气参数	省煤器出口处：每天1次，连续2天 烟囱处：每天3次，连续2天
2	6#焚烧炉废气（烟囱）		
3	7#焚烧炉废气（省煤器出口）		
4	7#焚烧炉废气（烟囱）		

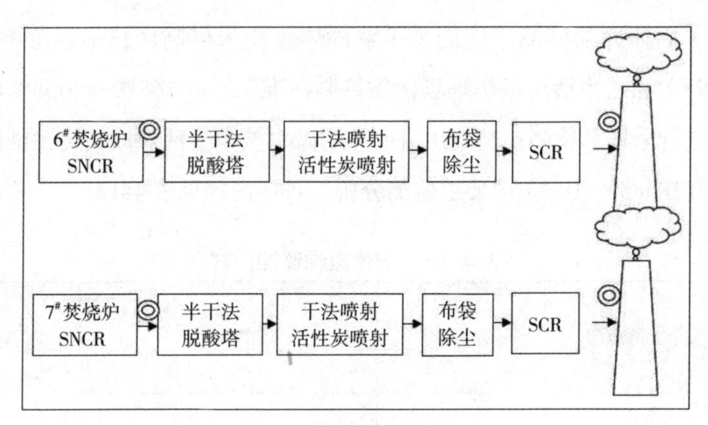

图4-1　有组织废气监测

注：◎为监测点位。

2）无组织排放。根据《大气污染物无组织排放监测技术导则》(HJ/T 55—2000)的要求，在厂界上风向处设1个参照点、下风向设3个监控点，监测氨、硫化氢、甲硫醇、臭气浓度、颗粒物的无组织排放情况，监测内容见表4-12。

表4-12　无组织排放废气监测内容

序号	监测点位	监测因子	监测频次
1	厂界上风向参照点上风向1#	氨、硫化氢、甲硫醇、臭气浓度、颗粒物	每天4次，连续2天
2	厂界下风向监控点下风向2#、3#、4#		

（3）厂界噪声监测。依据《工业企业厂界环境噪声排放标准》(GB 12349—2008）要求开展厂界噪声监测。在项目东厂界、东北边厂界、西北边厂界、西南边厂界各设1个噪声监测点，共4个监测点。

监测因子为连续等效A声级，监测频次为每天昼间和夜间各监测1次，连续监测2天。

（4）固体废物监测。依据《工业固体废物采样制样技术规范》（HJ/T 20—1998）和《生活垃圾填埋场污染控制标准》（GB 16889—2008）对飞灰螯合物进行采样和检测；焚烧炉渣的热灼减率按《生活垃圾焚烧污染控制标准》（GB 18485—2014）中要求监测分析。具体内容见表4-13。

表4-13 固体废物监测内容

序号	监测点位	监测内容	监测因子	监测频次
1	固化后飞灰暂存库	飞灰螯合物（混合样）	二噁英、含水率； 浸出液：汞、铜、锌、铅、镉、六价铬、砷、硒、镍、钡、铍、总铬	每天1次 连续2天
2	炉渣储存坑	6#焚烧炉炉渣	热灼减率	
3	炉渣储存坑	7#焚烧炉炉渣		

（5）污染物排放总量监测。根据本项目环境影响评价报告书和排污许可证，本次验收监测核算焚烧炉废气中颗粒物（烟尘）、二氧化硫和氮氧化物的年排放总量。

4.4.5.2 环境质量监测

（1）地下水监测。根据《地下水环境监测技术规范》（HJ/T 164—2004）进行监测布点与采样，设置背景井1个、扩散井2个、监控井1个，背景井位于厂区上游，扩散井位于垃圾储坑、污水处理设施区附近，监控井位于厂区下游，监测内容见表4-14。

表4-14　地下水监测内容

监测点位	监测因子	监测频次
一、二期污水站旁D_4	pH、总硬度、溶解性总固体、硫酸盐、高锰酸钾盐指数、硝酸盐、亚硝酸盐、氨氮、氯化物、挥发性酚类、氰化物、六价铬、砷、汞、铅、镉、氟、铁、锰、铜、锌、粪大肠菌群、细菌总数	每天1次 连续2天
一期主厂房（空压机房外）D_1		
二期焚烧厂（东边坡）D_3		
主门楼上坡处（上坡右手边）D_2		

（2）土壤环境监测。依据本项目环境影响报告书，在二期项目主厂房附近、主导风向下风向最近敏感点老屋各设1个监测点，监测土壤环境质量情况，监测内容见表4-15。

表4-15　土壤环境监测内容

序号	监测点位	监测因子	监测频次
1	$1^{\#}$二期主厂房	pH、汞、砷、铜、锌、铅、镍、铬、镉、二噁英	1次
2	$2^{\#}$老屋		

4.4.6　验收监测结果

4.4.6.1　验收监测期间的工况

验收监测期间，$6^{\#}$、$7^{\#}$焚烧炉生产负荷分别为117%、125%，113%、113%。验收监测期间，工况稳定，各环境保护设施正常稳定运行，工况见表4-16。负荷较大的原因主要是掺烧的陈腐垃圾热值低所造成。

表4-16 验收监测期间生产工况

监测日期	内容	设计焚烧量/（t/d）	实际焚烧量/（t/d）	生产负荷/%
2022-04-07	6# 生活垃圾焚烧炉	850	993	117
2022-04-08			1 061	125
2022-02-22	7# 生活垃圾焚烧炉	850	964	113
2022-02-23			958	113

4.4.6.2 焚烧炉性能指标

验收监测期间，6#、7#焚烧炉炉膛温度、烟气停留时间、炉渣热灼减率均符合《生活垃圾焚烧污染控制标准》（GB 18485—2014）中表1的要求。焚烧炉性能指标检验结果见表4-17。

表4-17 焚烧炉性能

监测日期	焚烧炉	性能因子		
		炉膛内焚烧温度/℃	炉膛内烟气停留时间/s	焚烧炉渣热灼减率
2022/04/07	6# 生活垃圾焚烧炉	1 008	2.49	1.6
2022/04/08		1 000	2.56	2.0
2022/02/22	7# 生活垃圾焚烧炉	1 052	2.48	1.0
2022/02/23		1 010	2.66	1.3
性能要求		≥850	≥2	≤5%
是否达到要求		达标	达标	达标

4.4.6.3 环保设施调试运行效果

（1）废水监测结果。在高浓度污水处理系统出口、低浓度废水处理系统出口、生活污水处理系统出口各设1个监测点，废水监测结果部分数据见表4-18。

表4-18　废水监测结果

采样位置	检测项目	检测结果								标准限值	达标情况
		2024-07-02				2024-07-03					
		第1次	第2次	第3次	第4次	第1次	第2次	第3次	第4次		
渗滤液处理站（高浓度）排放口	pH（无量纲）	7.4（25.9℃）	7.3（26.2℃）	7.5（26.3℃）	7.6（26.5℃）	7.3（26.1℃）	7.5（26.4℃）	7.4（26.6℃）	7.8（26.8℃）	6.5~8.5	达标
	色度（倍）	2	2	2	2	2	2	2	2	30	达标
	悬浮物	8	6	7	5	5	7	8	6	20	达标
	化学需氧量	9	8	7	8	8	7	7	9	40	达标
	五日生化需氧量	2.4	1.9	1.8	2.1	2	1.6	1.8	2.3	10	达标
	氨氮	0.357	0.336	0.349	0.33	0.344	0.326	0.339	0.32	10	达标
	总磷	0.03	0.01	0.04	0.03	0.04	0.03	0.02	0.06	0.5	达标
	石油类	未检出	未检出	未检出	未检出	未检出	未检出	未检出	未检出	1	达标
	溶解性总固体	10	12	14	8	14	10	8	12	1 000	达标
	总碱度	20	28	25	22	22	26	29	32	350	达标
	总硬度	未检出	未检出	未检出	未检出	未检出	未检出	未检出	未检出	450	达标
	挥发酚	34	0.023	0.031	0.017	0.032	0.024	0.028	0.014	0.3	达标
	硫化物	未检出	未检出	未检出	未检出	未检出	未检出	未检出	未检出	0.5	达标

续表

采样位置	检测项目	检测结果								标准限值	达标情况
		2024-07-02				2024-07-03					
		第1次	第2次	第3次	第4次	第1次	第2次	第3次	第4次		
渗滤液处理站（高浓度）排放口	阴离子表面活性剂	0.254	0.249	0.266	0.26	0.252	0.257	0.271	0.265	0.5	达标
	粪大肠菌群（MPN/L）	20L	20L	20L	20L	20L	20L	20L	20L	3	达标
	氟化物	未检出	未检出	未检出	未检出	未检出	未检出	未检出	未检出	10	达标
	氯化物	未检出	未检出	未检出	未检出	未检出	未检出	未检出	未检出	250	达标
	硫酸盐	0.238	0.284	0.195	0.264	0.238	0.28	0.193	0.263	250	达标
	六价铬	0.009	0.012	0.013	0.011	0.012	0.017	0.019	0.022	0.05	达标
	总铬	未检出	未检出	未检出	未检出	未检出	未检出	未检出	未检出	0.1	达标
	总铁	0.05	0.05	0.05	0.04	0.05	0.05	0.04	0.04	0.3	达标
	总锰	未检出	未检出	0.04	0.05	未检出	未检出	0.05	0.04	0.1	达标
	总铅	未检出	未检出	未检出	未检出	未检出	未检出	未检出	未检出	0.1	达标
	总镉	未检出	未检出	未检出	未检出	未检出	未检出	未检出	未检出	0.01	达标
	总镍	未检出	未检出	未检出	未检出	未检出	未检出	未检出	未检出	—	—
	总汞	0.000 26	0.000 1	0.000 1	0.000 12	0.000 27	0.000 09	0.000 1	0.000 1	0.001	达标
	总砷	0.000 7	0.000 5	0.000 4	0.000 6	0.000 6	0.000 5	0.000 4	0.000 6	0.1	达标

注：表格中未注明的单位均为mg/L。

渗滤液处理系统处理后、低浓度废水处理系统处理后、生活污水处理系统处理后出口水质pH、色度、悬浮物、化学需氧量、五日生化需氧量、氨氮、总磷、石油类、溶解性总固体、总碱度、总硬度、挥发酚、硫化物、阴离子表面活性剂、粪大肠菌群、氟化物、氯化物、硫酸盐、六价铬、总铁、总锰、总铬、总铅、总镉、总镍、总汞、总砷均达到《城市污水再生利用 城市杂用水水质》（GB/T 18920—2002）、《城市污水再生利用工业用水水质》（GB/T 19923—2005）、《水污染物排放限值》（DB 4426—2001）一级标准（第二时段）和《生活垃圾填埋污染控制标准》（GB 16889—2008）一级标准中最严的要求，粪大肠菌群未检出。

（2）有组织废气监测结果。6#生活垃圾焚烧炉有组织排放废气监测结果见表4–19（7#生活垃圾焚烧炉有组织排放废气监测结果未列出）。6#生活垃圾焚烧炉有组织排放废气在线监测日均值见表4–20。

监测结果表明，6#、7#焚烧炉废气排放口中颗粒物、氮氧化物、二氧化硫、氯化氢、一氧化碳、汞及其化合物、镉+铊及其化合物、铬+铅+钴+锑+镍+锰+砷+铜及其化合物、二噁英类排放浓度均符合本项目环评及其批复提出的限值要求。

（3）无组织废气监测结果。无组织废气监测结果见表4–21。

监测结果表明，无组织废气臭气浓度、氨、甲硫醇、硫化氢排放浓度符合《恶臭污染物排放标准》（GB 14554—1993）中表1二级新扩改建恶臭污染物厂界标准值要求，颗粒物符合广东省《大气污染物排放标准》（DB 44/27—2001）第二时段无组织排放浓度限值要求。

（4）厂界噪声监测结果。厂界噪声监测结果见表4–22，厂界噪声监测期间主要声源如表4–23所示。

表4-19　6#生活垃圾焚烧炉有组织排放废气监测结果

监测因子	监测点位	监测内容	2022-04-07			2022-04-08			执行限值	达标情况
			第1次	第2次	第3次	第1次	第2次	第3次		
颗粒物	进口	标况流量/（m^3/h）	173 956			148 305			—	—
		实测浓度/（mg/m^3）	987			501			—	—
		速率/（kg/h）	172			74			—	—
	出口	标况流量/（m^3/h）	185 992	180 192	193 152	186 212	182 192	188 292	—	—
		含氧量/%	10	8.8	9.7	8.7	9.1	8.9	—	—
		实测浓度/（mg/m^3）	4.1	未检出	未检出	未检出	未检出	未检出	—	—
		折算浓度/（mg/m^3）	3.7	未检出	未检出	未检出	未检出	未检出	10	达标
		排放速率/（kg/h）	0.76	0.09	0.10	0.09	0.09	0.09	—	—
去除效率/%			99.83			99.90			—	—
氮氧化物	进口	实测浓度/（mg/m^3）	263			268			—	—
		排放速率/（kg/h）	46			40			—	—
	出口	实测浓度/（mg/m^3）	32	78	79	60	70	64	—	—
		折算浓度/（mg/m^3）	29	64	70	49	59	53	150	达标
		排放速率（kg/h）	5.95	14.05	15.26	11.17	12.75	12.05	—	—

续表

监测因子	监测点位	监测内容	2022-04-07			2022-04-08			执行限值	达标情况
			第1次	第2次	第3次	第1次	第2次	第3次		
去除效率/%			76.05			75.87			—	—
二氧化硫	进口	实测浓度/（mg/m^3）	128			279			—	—
		速率/（kg/h）	22			41			—	—
	出口	实测浓度/（mg/m^3）	未检出	未检出	未检出	未检出	未检出	未检出	—	—
		折算浓度/（mg/m^3）	未检出	未检出	未检出	未检出	未检出	未检出	50	达标
		排放速率/（kg/h）	0.28	0.27	0.29	0.28	0.27	0.28	—	—
去除效率/%			98.83			99.46			—	—
氯化氢	进口	实测浓度/（mg/m^3）	28.2			30.8			—	—
		速率/（kg/h）	5			5			—	—
	出口	实测浓度/（mg/m^3）	3	2.2	2.4	2.4	3.2	1.8	—	—
		折算浓度/（mg/m^3）	2.7	1.8	2.1	2	2.7	1.5	10	达标
		排放速率/（kg/h）	0.56	0.4	0.46	0.45	0.58	0.34	—	—
去除效率/%			91.02			91.99			—	—
一氧化碳	进口	实测浓度/（mg/m^3）	未检出			5			—	—

续表

监测因子	监测点位	监测内容	2022-04-07			2022-04-08			执行限值	达标情况
			第1次	第2次	第3次	第1次	第2次	第3次		
一氧化碳	进口	速率/（kg/h）	0.26			0.74			—	—
	出口	实测浓度/（mg/m^3）	8	未检出	3	6	5	4	—	—
		折算浓度/（mg/m^3）	7	未检出	3	5	4	3	50	达标
		排放速率/（kg/h）	1.49	0.27	0.58	1.12	0.91	0.75	—	—
镉+铊及其化合物	进口	实测浓度/（mg/m^3）	0.198			0.267			—	—
		速率/（kg/h）	0.03			0.04			—	—
	出口	实测浓度/（mg/m^3）	6.0×10^{-5}	8.0×10^{-5}	6.0×10^{-5}	1.3×10^{-5}	2.7×10^{-5}	2.9×10^{-5}	—	—
		折算浓度/（mg/m^3）	5.5×10^{-5}	6.6×10^{-5}	5.3×10^{-5}	1.1×10^{-5}	2.3×10^{-5}	2.4×10^{-5}	—	—
		测定均值/（mg/m^3）	5.8×10^{-5}			1.9×10^{-5}			0.04	达标
		排放速率/（kg/h）	1.1×10^{-5}	1.4×10^{-5}	1.2×10^{-5}	2.0×10^{-6}	5.0×10^{-6}	5.0×10^{-6}	—	—
	去除效率/%		99.97			99.99			—	—
锑+砷+铅+铬+钴+铜+锰+镍及其化合物	进口	实测浓度/（mg/m^3）	5			5.28			—	—

续表

监测因子	监测点位	监测内容	2022-04-07			2022-04-08			执行限值	达标情况
			第1次	第2次	第3次	第1次	第2次	第3次		
锑+砷+铅+铬+钴+铜+锰+镍及其化合物	进口	速率/（kg/h）	0.87			0.78			—	—
	出口	实测浓度/（mg/m^3）	0.010 5	1.48×10^{-3}	2.17×10^{-3}	6.59×10^{-4}	8.54×10^{-4}	1.03×10^{-3}	—	—
		折算浓度/（mg/m^3）	9.51×10^{-3}	1.22×10^{-3}	1.92×10^{-3}	5.36×10^{-4}	7.18×10^{-4}	8.55×10^{-4}	—	—
		测定均值/（mg/m^3）	4.2×10^{-3}			7.0×10^{-4}			0.5	达标
		排放速率/（kg/h）	2.0×10^{-3}	2.7×10^{-4}	4.2×10^{-4}	1.2×10^{-4}	1.6×10^{-4}	1.9×10^{-4}	—	—
去除效率/%			99.91			99.98			—	—
汞及其化合物	进口	标况流量/（m^3/h）	164 000			169 113			—	—
		实测浓度/（mg/m^3）	6.4×10^{-4}			1.6×10^{-3}			—	—
		速率/（kg/h）	1.1×10^{-4}			2.7×10^{-4}			—	—
	出口	标况流量/（m^3/h）	189 987	185 382	185 825	185 220	180 536	185 327	—	—
		含氧量/%	10	8.8	9.7	8.8	9.1	8.9	—	—
		实测浓度/（mg/m^3）	未检出	未检出	未检出	未检出	未检出	未检出	—	—
		折算浓度/（mg/m^3）	未检出	未检出	未检出	未检出	未检出	未检出	—	—

续表

监测因子	监测点位	监测内容	2022-04-07			2022-04-08			执行限值	达标情况
			第1次	第2次	第3次	第1次	第2次	第3次		
汞及其化合物	出口	测定均值/（mg/m^3）	未检出			未检出			0.05	达标
		排放速率/（kg/h）	1.9×10^{-6}	1.9×10^{-6}	1.9×10^{-6}	1.9×10^{-6}	1.8×10^{-6}	1.9×10^{-6}	—	—
去除效率/%			98.44			99.37			—	—
二噁英类	进口	标况流量/（m^3/h）	169 351			166 786			—	—
		含氧量/%	8.51			7.66			—	—
		毒性当量质量浓度/（$ngTEQ/m^3$）	0.64			0.6			—	—
	出口	标况流量/（m^3/h）	256 749	251 035	252 237	252 743	242 127	246 045	—	—
		含氧量/%	9.46	8.89	9.67	8.77	8.91	8.89	—	—
		毒性当量质量浓度/（$ngTEQ/m^3$）	0.009	0.006	0.004	0.004	0.003	0.005	—	—
		测定均值/（$ngTEQ/m^3$）	0.006			0.004			0.1	达标
去除效率/%			99.01			99.33			—	—

注：（1）小于检出限的监测结果以未检出表示，用检出限的1/2数值参与后续计算。

（2）折算参照《生活垃圾焚烧污染控制标准》（GB 18485—2014）。

（3）由于SNCR为炉内脱销，无法布设采样点位。因此氮氧化物去除效率计算结果为SCR的去除效率，不包括SNCR。

表4-20　6[#]生活垃圾焚烧炉有组织排放废气在线监测日均值

单位：mg/m^3

监测项目	限值	6[#]炉		达标情况	7[#]炉		达标情况
		2022-04-07	2022-04-08		2022-02-22	2022-02-23	
颗粒物	8	1.1	1.0	达标	4.8	4.7	达标
CO	30	5.4	6.1	达标	4.0	4.9	达标
HCl	10	2.3	2.3	达标	4.1	5.9	达标
SO_2	30	6.0	5.6	达标	1.5	3.8	达标
NO_x	80	61.6	57.4	达标	63.4	57.6	达标

表4-21　厂界无组织废气监测结果

采样位置	检测项目	检测结果								标准限值	达标情况
		2022-04-07				2022-04-08					
		第1次	第2次	第3次	第4次	第1次	第2次	第3次	第4次		
上风向参照点1[#]	臭气浓度	<10	<10	<10	<10	<10	<10	<10	<10	—	—
	氨	0.14	0.13	0.15	0.14	0.15	0.14	0.14	0.16	—	—
	硫化氢	0.001	0.001	未检出	0.001	未检出	未检出	未检出	未检出	—	—

续表

采样位置	检测项目	检测结果								标准限值	达标情况
		2022-04-07				2022-04-08					
		第1次	第2次	第3次	第4次	第1次	第2次	第3次	第4次		
上风向参照点1#	甲硫醇	未检出	未检出	未检出	未检出	未检出	未检出	未检出	未检出	—	—
	颗粒物	0.187	0.172	0.187	0.171	0.170	0.187	0.156	0.171	—	—
下风向监控点2#	臭气浓度	<10	<10	<10	<10	<10	<10	<10	<10	20	达标
	氨	0.48	0.53	0.54	0.51	0.56	0.53	0.52	0.55	1.5	达标
	硫化氢	0.002	0.002	0.001	0.002	0.001	0.001	0.001	0.001	0.06	达标
	甲硫醇	未检出	未检出	未检出	未检出	未检出	未检出	未检出	未检出	0.007	达标
	颗粒物	0.248	0.266	0.249	0.279	0.247	0.296	0.296	0.248	1.0	达标
下风向监控点3#	臭气浓度	<10	<10	<10	<10	<10	<10	<10	<10	20	达标
	氨	0.46	0.45	0.46	0.50	0.49	0.46	0.44	0.56	1.5	达标
	硫化氢	0.003	0.002	0.001	0.002	0.001	0.002	0.001	0.001	0.06	达标
	甲硫醇	未检出	未检出	未检出	未检出	未检出	未检出	未检出	未检出	0.007	达标

续表

采样位置	检测项目	检测结果								标准限值	达标情况
		2022-04-07				2022-04-08					
		第1次	第2次	第3次	第4次	第1次	第2次	第3次	第4次		
下风向监控点3#	颗粒物	0.295	0.235	0.312	0.279	0.279	0.233	0.312	0.247	1.0	达标
下风向监控点4#	臭气浓度	<10	<10	<10	<10	<10	<10	<10	<10	20	达标
	氨	0.46	0.50	0.48	0.54	0.50	0.48	0.46	0.52	1.5	达标
	硫化氢	0.003	0.002	0.003	0.003	0.001	0.001	未检出	未检出	0.06	达标
	甲硫醇	未检出	未检出	未检出	未检出	未检出	未检出	未检出	未检出	0.007	达标
	颗粒物	0.249	0.266	0.281	0.233	0.263	0.265	0.280	0.248	1.0	达标

注：臭气浓度单位：无量纲；氨、硫化氢、颗粒物、甲硫醇单位：mg/m^3。

表4-22 厂界噪声监测结果

测点编号	检测位置	检测结果L_{eq} [dB（A）]				标准限值L_{eq} [dB（A）]		达标情况
		2022-04-07		2022-04-08				
		昼间	夜间	昼间	夜间	昼间	夜间	
1#	东边厂界外1m	59.2	49.6	55.1	49.2	60	50	达标
2#	南边厂界外1m	57.6	48.0	54.5	49.0	60	50	达标
3#	西边厂界外1m	52.8	46.6	51.8	47.0	60	50	达标
4#	北边厂界外1m	59.0	49.2	55.9	49.4	60	50	达标

表4-23 厂界噪声监测期间主要声源

测点编号	检测位置	检测结果L_{eq} [dB（A）]			
		2022-04-07		2022-04-08	
		昼间	夜间	昼间	夜间
1#	东边厂界外1m	设备、施工	自然声、设备	设备	自然声、设备
2#	南边厂界外1m	施工	自然声	设备	自然声、设备
3#	西边厂界外1m	自然声、施工	自然声	设备	自然声
4#	北边厂界外1m	设备、施工	设备、自然声	设备	自然声、设备

由表4-23可知，2022年4月7日昼间采样期间，受临时施工器械影响，昼间厂界噪声较大，昼夜噪声值相差也较大。2022年4月8日临时施工完成，仅存在设备噪声，昼间厂界噪声低于2022年4月7日的值，昼夜噪声差别降低。

监测结果表明，厂界噪声符合《工业企业厂界环境噪声排放标准》（GB 12348—2008）2类标准限值要求。

（5）固体废弃物监测结果。固化后的飞灰监测结果见表4-24。

表4-24　固化稳定后的飞灰监测结果

监测点位	监测内容	监测日期	监测结果	执行标准	达标情况
固化后飞灰暂存库	含水率/%	2022-07-02	27.2	30	达标
		2022-07-03	27		
	二噁英/（μgTEQ/kg）	2022-02-22	0.19	3	达标
		2022-02-23	0.18		
	六价铬/（mg/L）	2022-07-02	0.1	1.5	达标
		2022-07-03	0.12		
	总铬/（mg/L）	2022-07-02	0.05	4.5	达标
		2022-07-03	0.08		
	锌/（mg/L）	2022-07-02	0.09	100	达标
		2022-07-03	0.03		
	镍/（mg/L）	2022-07-02	0.02L	0.5	达标
		2022-07-03	0.02L		
	铅/（mg/L）	2022-07-02	0.03L	0.25	达标
		2022-07-03	0.03L		
	铜/（mg/L）	2022-07-02	0.04	40	达标
		2022-07-03	0.04		
	钡/（mg/L）	2022-07-02	1.24	25	达标
		2022-07-03	1.24		
	铍/（mg/L）	2022-07-02	0.004L	0.02	达标
		2022-07-03	0.004L		
	镉/（mg/L）	2022-07-02	0.01L	0.15	达标
		2022-07-03	0.01L		

续表

监测点位	监测内容	监测日期	监测结果	执行标准	达标情况
固化后飞灰暂存库	汞/（mg/L）	2022-07-02	0.000 14	0.05	达标
		2022-07-03	0.000 38		
	砷/（mg/L）	2022-07-02	0.020 4	0.3	达标
		2022-07-03	0.017 8		
	硒/（mg/L）	2022-07-02	0.021 8	0.1	达标
		2022-07-03	0.020 6		

注：小于检出限的检测结果以检出限后面加L表示。

监测结果表明，固化稳定后的飞灰含水率、二噁英及其浸出液中汞、铜、锌、铅、镉、铍、钡、镍、砷、总铬、六价铬、硒等污染物，检测结果均符合《生活垃圾填埋场污染控制标准》（GB 16889—2008）中相关要求。

（6）污染物排放总量。本项目废气污染物排放总量见表4-25，按年运行8 000小时核算年排放总量。

表4-25　本项目废气污染物排放总量

监测项	焚烧线	颗粒物	二氧化硫	氮氧化物
平均排放速率/（kg/h）	6#焚烧炉	0.20	0.28	11.87
	7#焚烧炉	0.09	0.27	11.01
总年运行小时数/h		8 000		
排放总量/（t/a）		2.32	4.4	183.04
本项目控制指标/（t/a）		24.86	93.24	248.64
达标情况		达标	达标	达标

监测结果表明，本项目废气排放总量颗粒物（烟尘）为2.32吨/年、二氧化硫为4.4吨/年，氮氧化物为183.04 吨/年，符合环评批复及排污许可证排污总量控制要求。

根据项目（第一阶段）2021年度排污许可证执行报告，第一阶段投产后二氧化硫、氮氧化物年排放量分别为19.73吨/年、114.89吨/年，符合环评批复“以新带老”措施（二氧化硫排放量不得超过93.24吨/年，氮氧化物排放量不得超过248.64 吨/年）的要求。

由于项目（含一、二阶段）整体投产稳定运行未满18个月，目前一期项目改造方案尚未实施。因此本次验收未对一期项目以及全厂二氧化硫、氮氧化物开展总量核算。

4.4.6.4　工程建设对环境的影响

（1）地下水环境监测结果。地下水监测结果见表4-26。

表4-26　地下水监测结果

采样位置	检测项目	检测结果		执行标准	达标情况
		2022-07-02	2022-07-03		
一期主厂房（空压机房外）D1	静水位埋深a	6.23	6,23	—	—
	pH（无量纲）	6.7（25.6℃）	6.5（26.0℃）	6.5~8.5	达标
	浊度（NTU）	未检出	未检出	—	—
	总大肠菌群	20L	20L	3	达标
	细菌总数	15	18	100	达标
	溶解性总固体	140	142	1 000	达标
	总硬度	38.2	39.6	450	达标
	氨氮	0.282	0.288	0.5	达标
	挥发酚	0.001	0.001	0.002	达标

续表

采样位置	检测项目	检测结果		执行标准	达标情况
		2022-07-02	2022-07-03		
一期主厂房（空压机房外）D1	高锰酸盐指数	1.2	1.2	3	达标
	氰化物	未检出	未检出	0.05	达标
	硝酸盐氮	0.46	0.44	20	达标
	亚硝酸盐氮	未检出	未检出	1	达标
	六价铬	0.004	0.005	0.05	达标
	氟化物	0.007 2	0.074	1	达标
	氯化物	38.1	38.2	250	达标
	硫酸盐	4.1	4.1	250	达标
	铁	0.08	0.07	0.3	达标
	锰	0.02	0.02	0.1	达标
	汞	0.000 14	0.000 16	0.001	达标
	镍	0.001 88	0.001 64	0.02	达标
	铜	0.002 72	0.002 33	1	达标
	砷	0.000 52	0.000 64	0.01	达标
	镉	0.000 08	0.000 09	0.005	达标
	铅	0.002 04	0.001 82	0.01	达标
	锌	0.666	0.724	1	达标
主门楼上坡处（上坡右手边）D2	静水位埋深a	6.71	6.71	—	达标
	pH（无量纲）	7.4（25.9℃）	7.2（25.9℃）	6.5~8.5	达标
	浊度（NTU）	未检出	未检出	—	—
	总大肠菌群	20L	20L	3	达标
	细菌总数	54	48	100	达标

续表

采样位置	检测项目	检测结果		执行标准	达标情况
		2022-07-02	2022-07-03		
主门楼上坡处（上坡右手边）D2	溶解性总固体	138	140	1 000	达标
	总硬度	35.9	37.1	450	达标
	氨氮	0.089	0.089	0.5	达标
	挥发酚	0.000 7	0.000 8	0.002	达标
	高锰酸盐指数	1.3	1.4	3	达标
	氰化物	未检出	未检出	0.05	达标
	硝酸盐氮	0.42	0.43	20	达标
	亚硝酸盐氮	未检出	未检出	1	达标
	六价铬	0.004	0.008	0.05	达标
	氟化物	0.074	0.084	1	达标
	氯化物	37.4	37.6	250	达标
	硫酸盐	4.05	4.07	250	达标
	铁	0.11	0.09	0.3	达标
	锰	0.01	0.01	0.1	达标
	汞	0.000 2	0.000 2	0.001	达标
	镍	0.001 81	0.001 67	0.02	达标
	铜	0.002 99	0.002 48	1	达标
	砷	0.000 38	0.000 41	0.01	达标
	镉	0.000 08	0.000 08	0.005	达标
	铅	0.001 15	0.000 93	0.01	达标
	锌	0.44	0.469	1	达标

续表

采样位置	检测项目	检测结果		执行标准	达标情况
		2022-07-02	2022-07-03		
二期焚烧厂（东边坡）D3	静水位埋深a	28.14	28.14	—	—
	pH（无量纲）	6.6（26.2℃）	6.7（26.2℃）	6.5~8.5	达标
	浊度（NTU）	未检出	未检出	—	—
	总大肠菌群	20L	20L	3	达标
	细菌总数	31	36	100	达标
	溶解性总固体	480	478	1 000	达标
	总硬度	184	184	450	达标
	氨氮	0.368	0.371	0.5	达标
	挥发酚	0.000 5	0.000 7	0.002	达标
	高锰酸盐指数	1.8	1.9	3	达标
	氰化物	未检出	未检出	0.05	达标
	硝酸盐氮	0.18	0.2	20	达标
	亚硝酸盐氮	0.004	0.005	1	达标
	六价铬	0.016	0.019	0.05	达标
	氟化物	0.699	0.759	1	达标
	氯化物	180	164	250	达标
	硫酸盐	11.8	11.9	250	达标
	铁	未检出	0.03	0.3	达标
	锰	0.02	0.02	0.1	达标
	汞	0.000 77	0.000 78	0.001	达标
	镍	0.002 96	0.002 4	0.02	达标
	铜	0.001 73	0.001 49	1	达标
	砷	0.004 06	0.003 4	0.01	达标

续表

采样位置	检测项目	检测结果		执行标准	达标情况
		2022-07-02	2022-07-03		
二期焚烧厂（东边坡）D3	镉	0.000 68	0.000 48	0.005	达标
	铅	0.003 35	0.002 91	0.01	达标
	锌	0.113	0.111	1	达标
一期、二期污水站旁D4	静水位埋深a	7.46	7.46	—	达标
	pH（无量纲）	6.8（26.0℃）	6.6（26.0℃）	6.5~8.5	达标
	浊度（NTU）	未检出	未检出	—	达标
	总大肠菌群	20L	20L	3	达标
	细菌总数	68	62	100	达标
	溶解性总固体	192	194	1 000	达标
	总硬度	87.9	88.4	450	达标
	氨氮	0.327	0.335	0.5	达标
	挥发酚	0.000 4	—	0.002	达标
	高锰酸盐指数	2.2	2.4	3	达标
	氰化物	未检出	未检出	0.05	达标
	硝酸盐氮	0.5	0.54	20	达标
	亚硝酸盐氮	0.049	0.048	1	达标
	六价铬	0.02	0.024	0.05	达标
	氟化物	0.366	0.36	1	达标
	氯化物	64.4	64.2	250	达标
	硫酸盐	36.6	36.8	250	达标
	铁	0.03	未检出	0.3	达标
	锰	未检出	未检出	0.1	达标

续表

采样位置	检测项目	检测结果		执行标准	达标情况
		2022-07-02	2022-07-03		
一期、二期污水站旁D4	汞	0.000 3	0.000 3	0.001	达标
	镍	0.001 94	0.001 58	0.02	达标
	铜	0.002 49	0.001 91	1	达标
	砷	0.002 49	0.002 3	0.01	达标
	镉	0.000 06	0.000 1	0.005	达标
	铅	0.002 94	0.002 38	0.01	达标
	锌	0.015 2	0.014 6	1	达标

注：表中各项单位均为mg/L，注明的除外。

监测结果表明，各地下水监测井中pH（无量纲）、浊度（NTU）、总大肠菌群（MPN/L）、细菌总数（CFU/mL）、溶解性总固体、总硬度、氨氮、挥发酚、高锰酸盐指数、氰化物、硝酸盐氮、亚硝酸盐氮、六价铬、氟化物、氯化物、硫酸盐、铁、汞、镍、铜、砷、镉、铅、锌等指标均满足《地下水质量标准》（GB/T 14848—2017）Ⅲ类标准。

（2）土壤监测结果。土壤监测结果见表4-27。

表4-27 土壤监测结果

检测项目	检测点位置及检测结果		执行标准	达标情况
	2022-04-07			
	老屋	二期主厂房		
	表层	表层		
pH（无量纲）	7.41	4.85	—	—
砷/（mg/kg）	6.64	4.44	60	达标
汞/（mg/kg）	0.192	0.072	38	达标

续表

检测项目	检测点位置及检测结果		执行标准	达标情况
	2022-04-07			
	老屋	二期主厂房		
	表层	表层		
铬/（mg/kg）	14.1	12.5	—	达标
镍/（mg/kg）	5.0	2.5	900	—
铜/（mg/kg）	13.4	4.6	1 800	达标
锌/（mg/kg）	97.8	70.3	—	达标
镉/（mg/kg）	0.18	未检出	65	—
铅/（mg/kg）	39.3	37.6	800	达标
二噁英/（mg TEQ/kg）	1.1×10^{-6}	1.1×10^{-6}	4×10^{-5}	达标

监测结果表明，老屋、二期项目主厂房等区域土壤中各污染物满足《土壤环境质量　建设用地土壤污染风险管控标准（试行）》（GB 36600—2018）中第二类用地筛选值的要求。

4.4.7　验收结论

4.4.7.1　环保执行情况

本项目执行了环境影响评价制度和“三同时”制度，履行了环保审批手续。

本项目垃圾渗滤液、垃圾卸料厅冲洗废水、垃圾运输车冲洗废水、回用水在线监测设备产生的废水等高浓度废水由新建的处理规模为700m^3/d渗滤液处理系统进行处理，处理产生的清水达标后回用，处理产生的NF和RO浓水经叠管式反渗透减量化处理后剩余部分回喷垃圾贮池或焚烧炉中，部分用于烟气净化系统石灰浆制备。

本项目车间清洁冲洗废水、地面冲洗废水、锅炉除盐水制备设备反冲洗废水、实验室废水、循环冷却水排污废水、雨季的初期雨水等由二期项目一阶段建设的处理规模840m^3/d低浓度废水处理系统处理。该处理系统已于2021年3月1日完成自主验收。

本项目员工生活污水由新建的处理规模为72m^3/d的生活污水处理系统处理，处理达标后回用于循环冷却水系统补水，不外排。

6$^{\#}$、7$^{\#}$焚烧炉均采用“SNCR炉内脱硝+半干法脱酸+干法脱酸+烟道活性炭喷射+布袋除尘+SCR”的组合式烟气净化工艺。处理达标后的烟气经高80m的烟囱排放。

本项目在正常工况下将垃圾卸料大厅、垃圾储坑、渗滤液收集池、产生的臭气通过一次风机，送入焚烧炉燃烧。在焚烧炉停炉检修时，为保持垃圾仓内的负压环境，避免硫化氢、氨、甲硫醇等臭气外溢，开启备用抽风系统，避免焚烧炉停炉检修时恶臭污染物对周边环境造成不良影响。本项目渗滤液处理站的臭气送入焚烧炉燃烧。

飞灰输送、固化过程相对封闭，几乎不产生扬尘，并且在飞灰固化车间上部配备除尘器，可保证飞灰不会外排至外环境。

在厂内垃圾运输道路、卸料大厅、污水处理站等位置设除臭剂喷洒装置，消除渗滤液滴漏过程中所散发的臭味。

本项目采用工艺先进、噪声小的机械设备，从噪声源头控制。对主要设备噪声源采取隔声、降噪、减震等措施。通过隔音、吸音、消音、防振措施，本项目噪声达标排放。

本项目焚烧后炉渣暂存于厂内贮渣池，定期送至现有的炉渣综合利用中心处置。

项目在主厂房建设一座飞灰固化车间，焚烧产生的飞灰经收集后利用重金属螯合剂进行稳定化处理，固化处理的飞灰满足《生活垃圾填埋场控制标

准》（GB 16889—2008）的要求后，由专车送至填埋场进行填埋处置。

本项目运营过程中产生的污水处理站脱水污泥、员工生活垃圾、除臭系统少量废活性炭、废滤袋（HW49 其他废物）投进焚烧炉进行高温分解处置。产生的废机油（HW08 废矿物油）、废脱硝催化剂（HW50 废催化剂）、废铅蓄电池（HW49其他废物）按照危险废物管理要求委托有资质的单位进行处置。

建设公司制订了完善的环境管理规章制度，以及各工作岗位职责和安全环保操作规程。建设公司各项规章制度及操作规程均在各办公显眼位置进行张贴，各工作岗位均按管理制度要求执行。建设公司编制了《突发环境事件应急预案》并完成了专家评审，明确了管理和处置方案，明确了事故分级、应急响应方式、处置方式、保证措施、应急组织机构、人员岗位职责、应急设备配置等，并制订了培训、演练计划。

本项目焚烧发电核心区外300m内无居民住宅、学校、医院等环境敏感建筑。

建设公司制定了制订了陈腐垃圾开挖方案，按环评要求落实了陈腐垃圾清挖环保措施。

建设公司制订了自行监测计划并定期开展自行监测。

建设公司建立了土壤和地下水污染隐患排查制度，完成了《土壤污染隐患排查报告》。

本项目施工期严格按环评及批复的要求采取施工期环境保护措施，并开展了施工期环境监测，本项目施工和调试期间无环境相关的投诉、违法或处罚记录等情况。

4.4.7.2　环保设施调试运行效果

（1）废水。渗滤液处理系统处理后、低浓度废水处理系统处理后、生活污水处理系统处理后出口水质pH、COD_{cr}、BOD_5、NH_3-N、悬浮物、色度、石油类、总磷、总汞、总镉、总铬、六价铬、总砷、总铅、磷酸盐、溶解性总固体、总硬度、总碱度、硫酸盐、粪大肠菌群、挥发酚、硫化物、氟化物、阴离子表面活性剂、铁、锰、氯离子均达到《城市污水再生利用城市杂用水水质》(GB/T 18920—2002)、《城市污水再生利用工业用水水质》(GB/T 19923—2005)、《水污染物排放限值》(DB 4426—2001)一级标准(第二时段)和《生活垃圾填埋污染控制标准》(GB 16889—2008)一级标准(四者取其严者)的要求,粪大肠菌群未检出。

(2)废气。

1)有组织排放废气。6[#]、7[#]焚烧炉废气排放口颗粒物、氮氧化物、二氧化硫、氯化氢、汞及其化合物、镉+铊及其化合物、锑+砷+铅+铬+钴+铜+锰+镍及其化合物、一氧化碳、二噁英类等污染物浓度均符合环评及其批复的要求的设计限值要求。

2)无组织排放废气。无组织排放废气氨、硫化氢、甲硫醇、臭气浓度等污染物浓度均符合《恶臭污染物排放标准》(GB 14554—1993)中新扩改建项目的二级标准要求;颗粒物浓度符合广东省《大气污染物排放限值》(DB 44/27—2001)第二时段无组织排放标准限值要求。

(3)厂界噪声。厂界各噪声监测点均符合《工业企业厂界环境噪声排放标准》(GB 12348—2008)中2类标准要求。

(4)固体废物。固化稳定后的飞灰含水率、二噁英含量及浸出液污染物汞、铜、锌、铅、镉、铍、钡、镍、砷、总铬、六价铬、硒浓度均符合《生活垃圾填埋场污染控制标准》(GB 16889—2008)要求。

炉渣热酌减率符合《生活垃圾焚烧污染控制标准》(GB 18485—2014)及其修改单的要求。

(5)污染物排放总量核算。监测结果表明,本项目废气排放总量颗粒物(烟尘)为2.32吨/年、二氧化硫为93.24吨/年和氮氧化物183.04吨/年,符合环评批复及排污许可证排污总量控制要求。

根据第一阶段项目2021年度排污许可证执行报告,第一阶段投产后二

氧化硫、氮氧化物年排放量分别为19.73吨/年和114.89吨/年，符合环评批复“以新带老”措施（二氧化硫排放量不超过93.24吨/年和氮氧化物排放量不超过248.64吨/年）的要求。

4.4.7.3　工程建设对环境的影响

（1）地下水监测结果。监测结果表明，各地下水监测井中pH（无量纲）、浊度（NTU）、总大肠菌群（MPN/L）、细菌总数（CFU/mL）、溶解性总固体、总硬度、氨氮、挥发酚、高锰酸盐指数、氰化物、硝酸盐氮、亚硝酸盐氮、六价铬、氟化物、氯化物、硫酸盐、铁、汞、镍、铜、砷、镉、铅、锌满足《地下水质量标准》（GB/T 14848—2017）Ⅲ类标准。

（2）土壤监测结果。监测结果表明，老屋、二期项目主厂房等区域土壤中各污染物满足《土壤环境质量　建设用地土壤污染风险管控标准（试行）》（GB 36600—2018）中第二类用地筛选值的要求。

4.4.7.4　综合结论

本项目自投入运行以来，按国家要求办理了相关的环保手续，主要工程基本按环评报告书及批复的要求建设，基本落实了环评文件及环评批复中提出的环保措施要求，污染物均达标排放，未发生重大变动，无《建设项目竣工环境保护验收暂行办法》中所规定的9种验收不合格情形，具备验收条件。

4.5　本章小结

生活垃圾焚烧发电厂竣工环保验收监测与日常环境监测是确保发电厂运

行符合环保标准、保障环境安全的重要措施。竣工环保验收监测是在生活垃圾焚烧发电厂建设完成后，试运行期间对其环保设施和运行状况进行全面检查和测试的过程，这一步骤的目的是确保发电厂在正式投入运行前，各项环保指标均达到国家或地方规定的标准，验收监测的内容通常包括废气、废水、噪声、固废等的排放情况，以及环保设施的运行效果和稳定性，通过这一环节，可以及时发现并解决可能存在的环境问题，为发电厂的顺利运行和环保管理打下坚实基础。

在正式投入运行过程中，生活垃圾焚烧发电厂需要进行日常环境监测，以实时掌握电厂对周边环境的影响情况。通过日常环境监测，发电厂可以及时了解和掌握环保设施的运行状态，及时发现并解决环境问题，确保发电厂在运行过程中不对周边环境造成不良影响，同时，这些数据也为发电厂的环保管理和优化提供了重要依据。

生活垃圾焚烧发电厂的竣工环保验收监测和日常环境监测是保障电厂环保运行的重要措施。通过这两个环节的有机结合，可以确保发电厂在建设和运行过程中均符合环保要求，为环境保护和可持续发展做出贡献。

PART

5

第5章

生活垃圾焚烧发电厂跟踪评价

5.1　跟踪评价方法与目的

生活垃圾焚烧发电厂的环保跟踪评价是确保其运营过程中符合环保要求、减少环境污染的重要环节。《中华人民共和国环境影响评价法》和《规划环境影响评价条例》中规定的各类综合性规划和专项规划实施后可能对生态环境有重大影响的，规划编制机关可参照《规划环境影响跟踪评价技术指南（试行）》及时开展规划环境影响的跟踪评价。

跟踪评价以改善区域环境质量和保障区域生态安全为目标，结合区域生态环境质量变化情况、国家和地方最新的生态环境管理要求和公众对规划实施产生的生态环境影响的意见，对已经产生和正在产生的环境影响进行监测、调查和评价，分析规划实施的实际环境影响，评估规划采取的预防或者减轻不良生态环境影响的对策和措施的有效性，研判规划实施是否对生态环境产生了重大影响，对规划已实施部分造成的生态环境问题提出解决方案，对规划后续实施内容提出优化调整建议或减轻不良生态环境影响的对策和措施。

目前我国生活垃圾焚烧发电项目大多依托产业园区建设，园区建设相应的配套设施，包括垃圾焚烧发电厂、污水处理厂、餐厨垃圾处理厂等。不同项目建设时间、区域、特征污染物排放等均有所不同，但园区整体是一个有机整体，而且生活垃圾焚烧发电厂运行过程中重金属、二噁英类等污染物会随着烟气排放并在环境中累积。针对生活垃圾焚烧发电厂设立跟踪评价机制，有利于进一步识别电厂生产过程中对周围生态环境质量和人群健康的影响，从而确保发电厂的高效、安全和环保运行。跟踪评价是垃圾焚烧发电厂

监管的一种有效手段。

生活垃圾焚烧发电厂环保跟踪评价主要包括排放标准与污染控制、废渣处理与资源化利用、环境监测与信息公开、合规性评价与政策遵守、持续改进与技术创新5个方面。

5.1.1 排放标准与污染控制

评估发电厂排放的废气、废水和固体废弃物等是否达到国家和地方规定的排放标准，这包括对烟气中颗粒物、二氧化硫、氮氧化物等污染物的排放浓度进行监测和比对。

检查发电厂是否采取了有效的污染控制措施，如烟气净化系统、除尘设备、废水处理设施等，以确保污染物的排放得到有效控制。

5.1.2 废渣处理与资源化利用

评估发电厂对焚烧产生的废渣的处理方式，包括飞灰、炉渣等。检查是否有规范的废渣处置流程，以及是否采取了防止二次污染的措施。

考察发电厂是否对废渣进行了资源化利用，如制作建材等回收利用，以减少废渣对环境的影响，并提升经济效益。

5.1.3 环境监测与信息公开

发电厂应建立完善的环境监测体系，定期对周边环境质量进行监测，包括空气质量、噪声、地下水等。监测数据应真实、准确，并及时向公众公开。

公开信息应包括但不限于污染物排放数据、环境监测报告、废渣处理情况等，以便公众了解发电厂的环境状况，并加强社会监督。

5.1.4 合规性评价与政策遵守

检查发电厂是否遵守国家和地方的环保政策、法规以及相关的技术标准。对于新出台的政策和标准，发电厂应及时调整运营策略，确保合规性。

评估发电厂在环保方面的投入和成效，包括环保设施的建设和运行成本、环保效益等。这有助于判断发电厂在环保方面的整体表现。

5.1.5 持续改进与技术创新

鼓励发电厂引进先进的环保技术和设备，提高焚烧效率和污染控制水平。通过技术创新和升级，减少污染物排放，提升环保性能。

建立环保跟踪评价的长效机制，定期对发电厂进行环保检查和评估，及时发现问题并进行整改。同时，加强员工培训和教育，提高员工的环保意识和对设备的操作水平。

通过以上方面的环保跟踪评价，可以全面了解生活垃圾焚烧发电厂在环保方面的表现和问题，为制定针对性的改进措施提供依据。同时，也可以促进发电厂不断提高环保水平，实现可持续发展。

5.2 地下水、土壤监测案例分析

为贯彻落实《中华人民共和国土壤污染防治法》《国务院关于印发土壤

污染防治行动计划的通知》(国发〔2016〕31号)、《关于印发广东省土壤污染防治行动计划实施方案的通知》(粤府〔2016〕145号)对地下水和土壤监测的要求。某生态环境局根据国家、省、市对土壤污染防治的相关要求发布了《关于切实履行土壤污染防治法定责任和义务的通知》，要求2021年及以前纳入的重点单位需按照《工业企业土壤和地下水自行监测技术指南（试行）》(HJ 1209—2021)的相关要求，制订、实施土壤和地下水自行监测方案。

5.2.1　案例概况

某市某公司营运项目包括一分厂和二分厂（以下简称“一厂”和“二厂”），于2017年纳入该市土壤污染重点监管企业。为进一步做好土壤和地下水污染自行监测和隐患排查工作，该公司拟根据相关要求开展土壤和地下水自行监测相关工作。

一厂于2002年12月开工建设，2005年11月建成，2006年8月完成竣工环保验收。一厂生活垃圾日处理能力为1 040吨/日，安装2台520吨/日机械炉排式生活垃圾焚烧炉，配置1套22MW汽轮发电机组。二厂于2009年9月开工建设，2013年9月建成，2014年8月完成竣工环保验收。二厂生活垃圾日处理能力为2 000吨/日，安装3台750吨/日机械炉排式生活垃圾焚烧炉，配套3台63.29吨/小时余热锅炉，以及2台25MW凝汽式汽轮发电机组。一厂和二厂配套的渗滤液和污水处理站位于一厂和二厂红线范围内（图5-1）。

序号	区域名	序号	区域名
1	初期雨水池	11	升压站
2	二厂氨水罐区	12	生活污水处理设施
3	二厂炉渣坑	13	生活污水集水井
4	二厂循环水池及冷却塔	14	物资堆场
5	二厂油库	15	一厂炉渣坑
6	二厂主厂房	16	一厂循环水池、冷却塔、循环水泵房
7	飞灰固化块堆场（原一厂固化站）	17	一厂油库
8	化验室	18	一厂主厂房
9	检修物资仓库（原二厂固化站）	19	雨水收集池1
10	渗滤液处理站	20	雨水收集池2

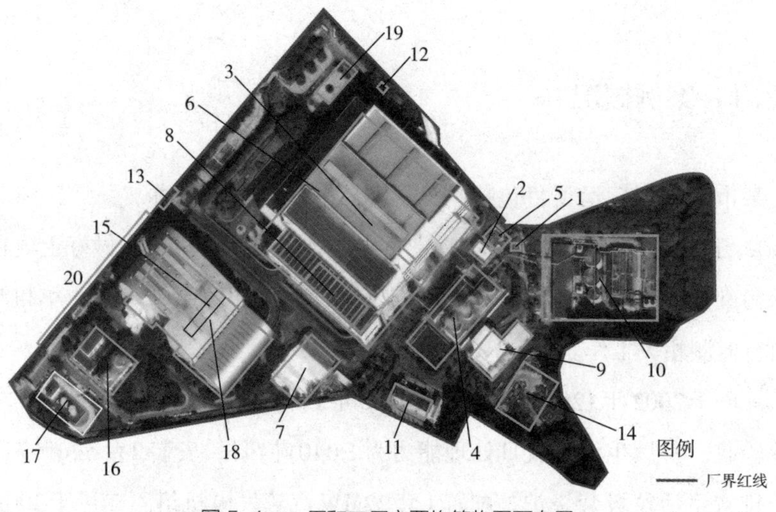

图5-1　一厂和二厂主要构筑物平面布置

5.2.2　企业生产及污染防治情况

5.2.2.1　生产概况

一厂于2002年12月开工建设，2005年11月建成，2006年8月完成竣工环保验收。二厂于2009年9月开工建设，2013年9月建成，2014年8月完成竣工环保验收。

两厂的生活垃圾处理规模见表5-1。

表5-1　生活垃圾处理规模

序号	项目名称	处理种类	处理规模/（万吨/年）	年发电量/（万kW·h）
1	一厂	生活垃圾	33	80
2	二厂	生活垃圾	73	

5.2.2.2　设施布置

本节从液体储存设施、散装液体转运与厂内运输区、货物的储存和传输区、生产区、其他活动区5个方面阐述一厂和二厂设施的布置情况。

（1）液体储存设施。一厂和二厂涉及液体储存的区域包括主厂房、油罐区和渗滤液处理设施区。

主厂房的液体储存区位于化学水处理、垃圾贮坑和渗滤液收集池、氨水储罐等区域。

渗滤液处理设施区的液体储存设施包括厌氧池、硝化池/反硝化池、综合车间药剂储存罐等。

渗滤液处理厂调节池和应急池位于生活垃圾填埋场界内，不在本项目红线范围内。根据现场踏勘情况，该土地的权属人已在该区域设有土壤和地下水监测点位，并开展自行监测。因此，本方案不考虑渗滤液处理厂调节池和应急池。

储罐类储存设施：化学水处理车间和渗滤液处理设施区的各类药剂添加罐、氨水储罐均属于接地储罐；渗滤液处理车间厌氧罐为接地储罐；油罐均属于接地储罐。

池体类储存设施：垃圾贮坑及垃圾渗滤液收集池；渗滤液处理站厌氧池、硝化池/反硝化池、初期雨水收集池等。

液体储存区重点设施的平面布置和设施清单见表5-2~表5-4，以及图5-2。

表5-2　一厂液体储存重点设施清单

序号	设施/场所名称	设施类型	设施类别	埋深/m	材质	备注
1	油罐1#	储罐类储存设施	接地储罐	0	碳钢	—
2	油罐2#	储罐类储存设施	接地储罐	0	碳钢	—
3	渗滤液收集池	池体类储存设施	地下储存池	−10	防渗混凝土	—
4	硫酸罐	储罐类储存设施	接地储罐	0	碳钢	—
5	飞灰固化块堆场冲洗废水收集池	池体类储存设施	地下储存池	−3.5	防渗混凝土	—
6	初期雨水收集池	池体类储存设施	地下储存池	−2.3	防渗混凝土	—
7	氨水罐	储罐类储存设施	接地储罐	0	不锈钢	—

表5-3　二厂液体储存重点设施清单

序号	设施/场所名称	设施类型	设施类别	埋深/m	材质	备注
1	渗滤液收集池	池体类储存设施	地下储存池	−8.5	防渗混凝土	—
2	氨水罐	储罐类储存设施	接地储罐	0	不锈钢	—
3	油罐	储罐类储存设施	接地储罐	0	碳钢	—
4	初期雨水收集池	池体类储存设施	地下储存池	−4	防渗混凝土	—
5	硫酸罐	储罐类储存设施	接地储罐	0	碳钢	—

表5-4　渗滤液处理厂液体储存重点设施清单

序号	设施/场所名称	设施类型	设施类别	埋深/m	材质	备注
1	初期雨水收集池	池体类储存设施	地下水储存池	−2	防渗混凝土	—
2	UASB罐1#	储罐类储存设施	接地储罐	−2	防渗混凝土	—
3	UASB罐2#	储罐类储存设施	接地储罐	−2	防渗混凝土	—
4	UASB罐3#	储罐类储存设施	接地储罐	−2	防渗混凝土	—

续表

序号	设施/场所名称	设施类型	设施类别	埋深/m	材质	备注
5	渗滤液处理综合厂房	储罐类储存设施	接地储罐	0	塑胶	—
6	硝化池	池体类储存设施	半地下储罐	−2	防渗混凝土	—
7	反硝化池	池体类储存设施	半地下储罐	−2	防渗混凝土	—
8	甲醇罐	储罐类储存设施	接地储罐	−2	碳钢	—

序号	名称	类型	类别	序号	名称	类型	类别
1	渗滤液收集池	池体类储存设施	地下储存池	11	雨水收集池	池体类储存设施	地下储存池
2	氨水罐	储罐类储存设施	接地储罐	12	氨水罐	储罐类储存设施	接地储罐
3	油罐	储罐类储存设施	接地储罐	13	初期雨水收集池	池体类储存设施	地下储存池
4	初期雨水收集池	池体类储存设施	地下储存池	14	UASB罐1#	池体类储存设施	半地下储罐
5	硫酸罐	储罐类储存设施	接地储罐	15	UASB罐2#	池体类储存设施	半地下储罐
6	油罐1	储罐类储存设施	接地储罐	16	UASB罐3#	池体类储存设施	半地下储罐
7	油罐2	储罐类储存设施	接地储罐	17	渗滤液处理综合厂房	储罐类储存设施	接地储罐
8	渗滤液收集池	池体类储存设施	地下储存池	18	硝化池	池体类储存设施	半地下储罐
9	硫酸罐	储罐类储存设施	接地储罐	19	反硝化池	池体类储存设施	半地下储罐
10	固化块暂存车间冲洗	池体类储存设施	地下储存池				

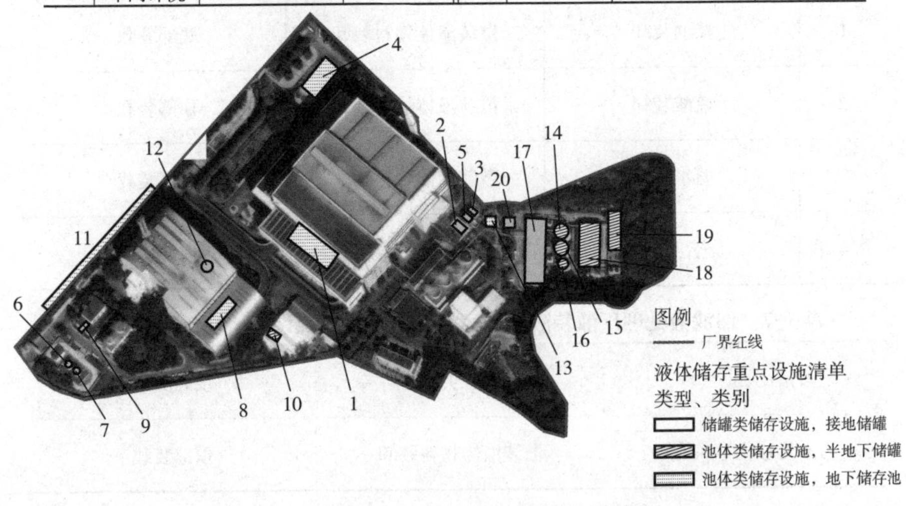

图5-2　液体储存区重点设施/场所布置图

（2）散装液体转运与厂内运输区。散装液体转运与厂内运输区是指设置散装液体物料装卸、管道运输、导淋、传输泵的区域。本地块主要涉及液体物料装卸、管道运输、导淋、传输泵。

散装液体物料装卸主要包括氨水和硫酸的装卸。涉及的重点场所/设施的平面布置和设施清单见表5-5~表5-7，以及图5-3。

表5-5　一厂散装液体转运与厂内运输重点设施/重点场所清单

序号	设施/场所名称	设施类型	设施类别
1	螯合剂装卸	散装液体物料装卸	顶部装载
2	氨水装卸	散装液体物料装卸	底部装载
3	硫酸装卸	散装液体物料装卸	顶部装载
4	柴油装卸	散装液体物料装卸	底部装载

表5-6　二厂散装液体转运与厂内运输重点设施/重点场所清单

序号	设施/场所名称	设施类型	设施类别
1	柴油装卸	散装液体物料装卸	底部装载
2	硫酸装卸	散装液体物料装卸	顶部装载
3	氨水装卸	散装液体物料装卸	底部装载
4	螯合剂装卸	散装液体物料装卸	顶部装载

表5-7　渗滤液处理厂散装液体转运与厂内运输重点设施/重点场所清单

设施/场所名称	设施类型	设施类别
污水处理化学品装卸	散装液体物料装卸	顶部装载

序号	名称	类型	类别
1	柴油装卸	散装液体物料装卸	底部装载
2	硫酸装卸	散装液体物料装卸	顶部装载
3	氨水装卸	散装液体物料装卸	底部装载
4	螯合剂装卸	散装液体物料装卸	顶部装卸
5	柴油装卸	散装液体物料装卸	底部装载
6	硫酸装卸	散装液体物料装卸	顶部装载
7	氨水装卸	散装液体物料装卸	底部装载
8	螯合剂装卸	散装液体物料装卸	顶部装卸
9	污水处理站液	散装液体物料装卸	顶部装卸

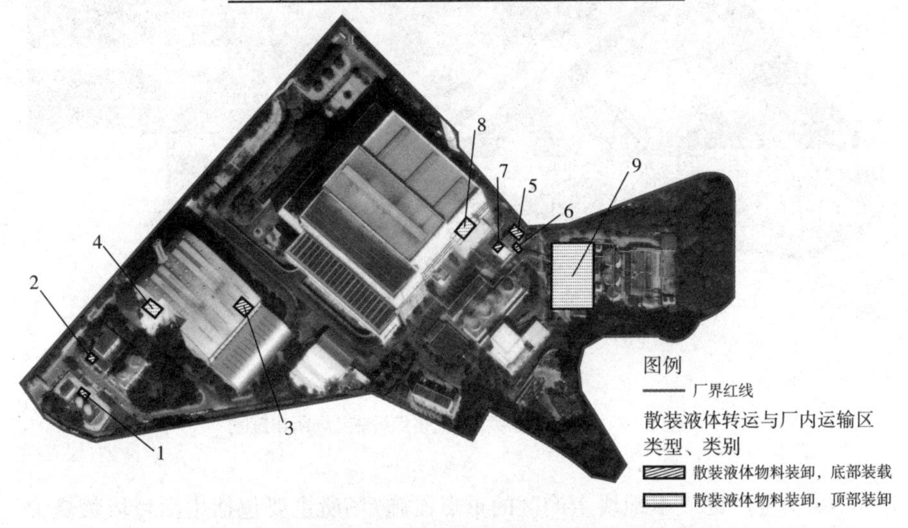

图5-3　散装液体转运与厂内运输重点设施／场所布置图

（3）货物的储存和运输区。本地块的货物储存和运输区主要包括生活垃圾的运输和储存区。生活垃圾的运输和储存的设施场所清单和平面布置见表5-8和图5-4。

表5-8　货物的储存和运输重点设施／重点场所清单

序号	设施／场所名称	设施类型	设施类别
1	生活垃圾运输通道	散装货物的储存和暂存	湿货物的运输
2	一厂生活垃圾贮坑	散装货物的储存和暂存	湿货物的储存
3	二厂生活垃圾贮坑	散装货物的储存和暂存	湿货物的储存

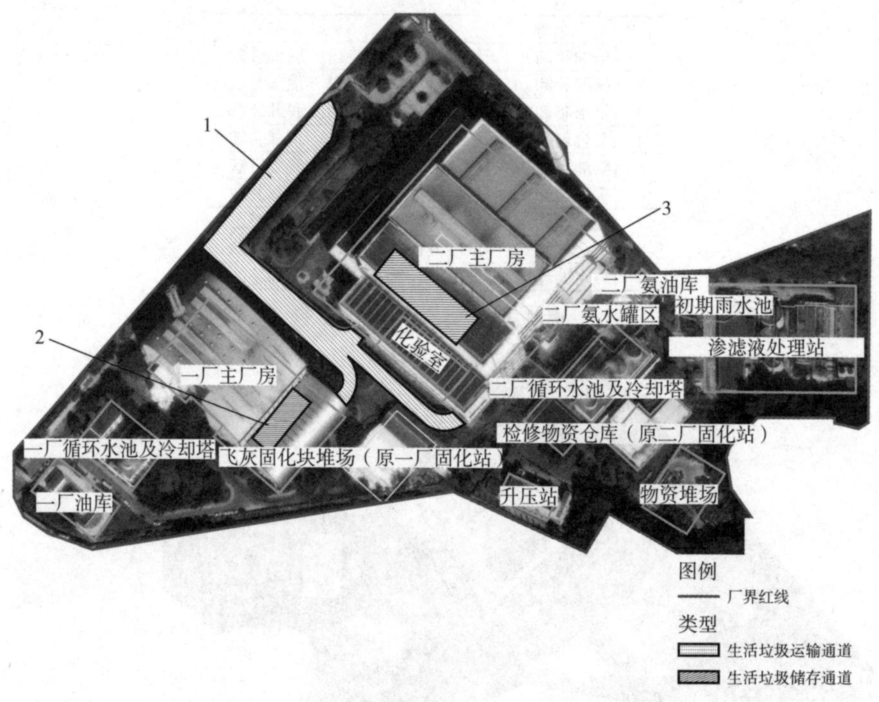

图 5-4　货物的储存和运输重点设施 / 场所布置图

（4）生产区。本地块生产区的重点设施/场所主要包括生活垃圾焚烧炉及其烟气处理系统。生产区的重点设施/场所平面布置和设施清单见表5-9和图5-5。

表5-9　生产区重点设施/场所清单

序号	设施/场所名称	设施类型	设施类别
1	一厂1#生活垃圾焚烧区	生产区	密闭设备
2	一厂2#生活垃圾焚烧区	生产区	密闭设备
3	一厂飞灰螯合区	生产区	密闭设备
4	一厂石灰制浆区	生产区	密闭设备
5	二厂1#生活垃圾焚烧区	生产区	密闭设备

续表

序号	设施/场所名称	设施类型	设施类别
6	二厂2#生活垃圾焚烧区	生产区	密闭设备
7	二厂3#生活垃圾焚烧区	生产区	密闭设备
8	二厂飞灰螯合区	生产区	密闭设备
9	二厂石灰制浆区	生产区	密闭设备

序号	名称	类型	类别
1	一厂1#生活垃圾焚烧线	生产区	密闭设备
2	一厂2#生活垃圾焚烧线	生产区	密闭设备
3	一厂飞灰螯合车间	生产区	密闭设备
4	一厂石灰制浆区	生产区	密闭设备
5	二厂1#生活垃圾焚烧线	生产区	密闭设备
6	一厂2#生活垃圾焚烧线	生产区	密闭设备
7	一厂3#生活垃圾焚烧线	生产区	密闭设备
8	二厂飞灰螯合车间	生产区	密闭设备
9	二厂石灰制浆区	生产区	密闭设备

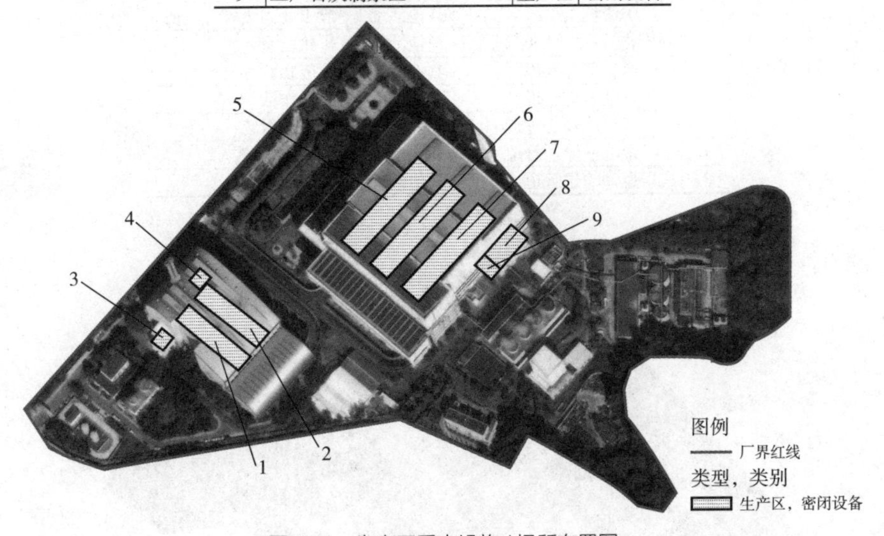

图5-5 生产区重点设施/场所布置图

（5）其他活动区。本地块涉及的其他活动区包括：炉渣坑、危险废物临时堆场、分析化验室、渗滤液输送管道、燃油输送管道。其他活动区的重点设施/场所清单和平面布置见表5-10和图5-6。

表5-10　其他活动区重点设施/场所清单

序号	设施/场所名称	设施类型	设施类别
1	一厂炉渣坑	其他活动区	一般工业固废堆存场所
2	二厂炉渣坑	其他活动区	一般工业固废堆存场所
3	分析化验室二噁英实验室	其他活动区	分析化验室
4	危险废物暂存仓库	其他活动区	危险废物暂存仓库
5	一厂燃油输送管道	其他活动区	车间操作活动
6	一厂渗滤液输送管道	其他活动区	废水排水系统
7	二厂渗滤液输送管道	其他活动区	废水排水系统
8	二厂燃油输送管道	其他活动区	车间操作活动

序号	名称	类型	类别
1	一厂炉渣坑	其他活动	一般工业固废堆存场所
2	二厂炉渣坑	其他活动	一般工业固废堆存场所
3	分析化验室二噁英实验室	其他活动	分析化验室
4	危险废物暂存仓库	其他活动	危险废物暂存仓库
5	一厂燃油输送管道	其他活动	车间操作活动
6	一厂渗滤液输送管道	其他活动	废水排水系统
7	二厂渗滤液输送管道	其他活动	废水排水系统
8	二厂燃油输送管道	其他活动	车间操作活动

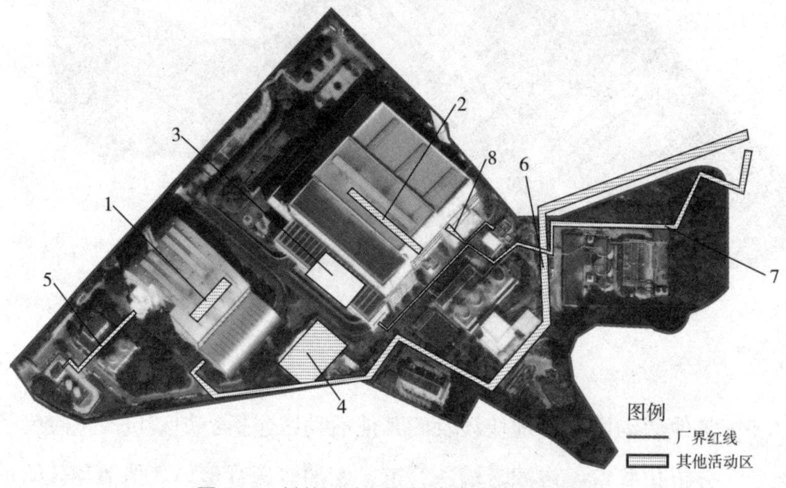

图5-6　其他活动区重点设施/场所布置图

5.2.2.3　各设施生产工艺与污染防治情况

（1）焚烧发电工艺流程。一厂和二厂采用“机械炉排炉高温焚烧+余热发电利用”的生产工艺对生活垃圾进行无害化处置和资源化综合利用，生产工艺及产排污环节流程见图5-7和表5-11。

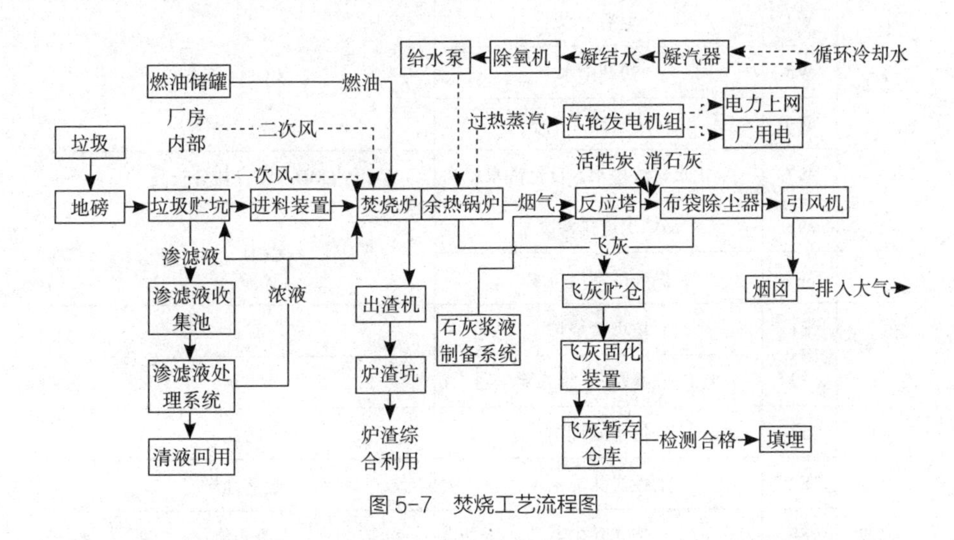

图5-7　焚烧工艺流程图

表5-11　产排污环节表

类别	序号	排污节点	主要污染物
废气	G1	垃圾卸料大厅和垃圾贮坑臭气	臭气浓度、NH_3、H_2S、甲硫醇
	G2	垃圾焚烧炉烟气	烟尘、SO_2、NO_x、酸性气体、重金属、二噁英
	G3	渗滤液处理区域臭气	NH_3、H_2S、臭气浓度、甲硫醇
	G4	活性炭仓、石灰仓	粉尘
	G5	氨水罐呼吸及装卸过程逸散氨	NH_3
废水	W1	垃圾坡道及卸料平台冲洗水	COD、BOD_5、SS、氨氮

续表

类别	序号	排污节点	主要污染物
废水	W2	焚烧料斗冲洗水、垃圾渗滤液	COD、BOD_5、SS、氨氮、总铅、总铬、总汞
	W3	垃圾车辆冲洗废水	COD、BOD_5、SS、氨氮
	W4	生活污水	COD、SS
	W5	初期雨水	
	W6	厂区道路冲洗水	
	W7	化水站浓排水、反冲洗水	COD、SS，盐分较高
	W8	锅炉定连排污废水	COD、SS
	W9	循环冷却塔排水	
固废	S1	垃圾焚烧炉	炉渣
	S2	半干法脱酸塔、袋式除尘器	飞灰
	S3	污水处理站	污泥
	S4	活性炭除臭系统	废活性炭
	S5	袋式除尘器	废布袋
	S6	车间机修、检修维护过程	废液压油/废润滑油/废机油、含油手套抹布等废弃劳保用品、废油漆桶/废润滑油桶/废机油桶、废铅蓄电池等
	S7	污水处理系统	废滤膜
	S8	办公生活	生活垃圾
噪声	N1	各类风机	等效连续A声级
	N2	汽轮发电机	
	N3	各类泵	
	N4	冷却塔	
	N5	空压机	
	N6	锅炉排气	

1）垃圾接收。环卫部门负责将垃圾收集后由封闭式垃圾运输车经地磅计量后送至厂区垃圾接收系统入口，经垃圾卸料门倾卸至垃圾储存坑。

垃圾储存坑垃圾由抓斗（吊车）翻混进行匀质化，并停放发酵提高垃圾热值。满足焚烧要求的垃圾按负荷量由抓斗送入炉排焚烧炉焚烧，垃圾储存坑产生的渗滤液经坑底的渗滤液收集系统送渗滤液处理厂处理后回用。

2）垃圾焚烧。垃圾储坑内保持负压，坑内气体由一次风机抽出，经蒸汽—空气预热器加热至约230℃后，通过炉排底部的风室进入炉膛燃烧，再从锅炉顶部抽取二次风，从焚烧炉膛的前拱、后拱等处的二次喷嘴喷入炉内。在焚烧炉正常运行时，垃圾经干燥、引燃、燃烧、燃烬4个阶段，实现负压燃烧并达到完全燃烧。控制烟气在炉内温度850℃以上的区域停留时间大于2秒，保持焚烧段湍流混合充分，必要时通过天然气辅助燃烧保持炉温，通过炉内氨水喷射控制氮氧化物。

3）余热利用。焚烧过程产生的热量通过锅炉受热面进行吸收，然后将过热器产生的蒸汽输送至汽轮发电机组进行发电。

4）焚烧烟气处理。焚烧烟气在炉内温度850℃以上的焚烧区域停留时间大于2秒，确保二噁英的充分分解，焚烧炉采用水平四回程设计，有效减少了烟气在300～500℃的停留时间，降温后的烟气进入烟气净化设施区，采用半干法脱酸塔、消石灰喷射、活性炭喷射、布袋除尘器等工艺处理，净化后的烟气经引风机排入烟囱。

5）炉渣收集处理。在炉排上燃尽后的垃圾与炉膛内的渣一起排入渣斗中，经渣斗内的水池冷却后，通过捞渣机捞出至皮带上，送至厂内的炉渣储坑储存。然后用抓斗抓到汽车上，送至具有处理资质的单位回收利用。

6）飞灰收集处理。经收集的飞灰及随飞灰一起排出的废活性炭在车间飞灰固化系统螯合固化稳定处理后暂存于飞灰暂存库内，经检测符合标准后定期由专车送卫生填埋场专区填埋。

（2）污水处理工艺流程。一厂和二厂产生的污水主要包括高浓度废水

（垃圾渗滤液、垃圾卸料厅冲洗废水），生活污水和浓度生成废水，包括车间清洁冲洗废水、垃圾运输车辆冲洗废水、地磅区及栈桥冲洗废水、锅炉除盐水制备设备反冲洗废水、员工生活及化验室废水、污水处理站废水、锅炉定连排污清洁废水及降温废水、循环冷却水排污废水、雨季的初期雨水等。

垃圾贮藏过程中产生的渗滤液，由渗滤液处理厂进行处理。渗滤液处理厂采取“升流式厌氧污泥床（UASB）+平板膜生物反应器（MBR）+碟管式反渗透技术（DTRO）”污水处理工艺，废水在调节池进行pH调节，然后进入UASB厌氧池进行厌氧处理，从厌氧池出来的废水用MBR工艺进行好氧生化处理，以去除剩余的有机物和氨氮，MBR出水最终经DTRO处理后的废水可达到城市杂用水标准后回用。工艺流程如图5-8所示。

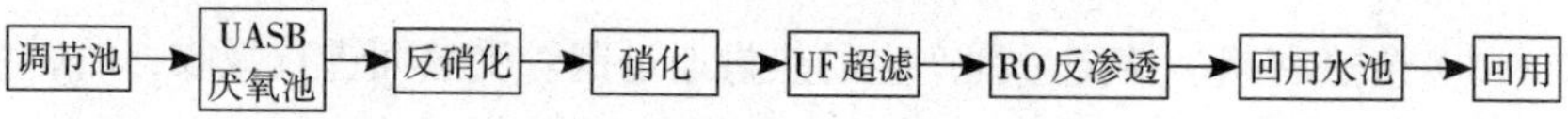

调节池 → UASB厌氧池 → 反硝化 → 硝化 → UF超滤 → RO反渗透 → 回用水池 → 回用

图5-8　渗滤液处理工艺流程图

生活污水和低浓度生产废水排入厂区自建生活污水处理站进行处理，经处理达到《城市污水再生利用城市杂用水水质》（GB/T 18920—2002）规定的标准后排入厂区回用中水池，回用水用于生产系统。厂区自建生活污水处理站设计处理规模为120m^3/d，采取的污水处理工艺为“缺氧池+好氧池（MBR）+消毒”。工艺流程如图5-9所示。

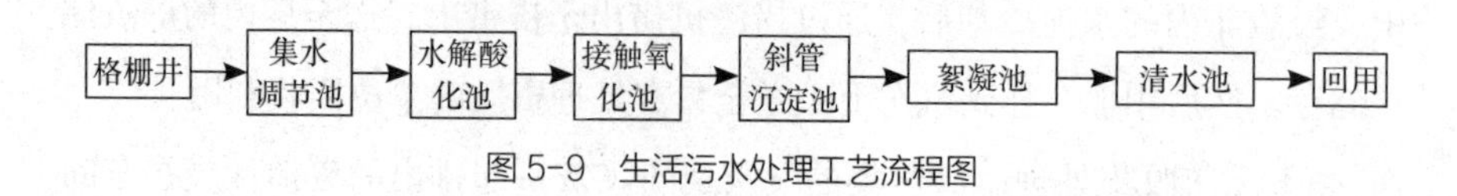

图5-9　生活污水处理工艺流程图

（3）各排放口平面位置图。厂区废气、固废、雨水排放平面位置如图5-10所示。

序号	区域名	序号	区域名
1	初期雨水池	11	升压站
2	二厂氨水罐区	12	生活污水处理设施
3	二厂炉渣区	13	生活污水集水井
4	二厂循环水池及冷却塔	14	物资堆场
5	二厂油库	15	一厂炉渣坑
6	二厂主厂房	16	一厂循环水池、冷却塔、循环水泵房
7	飞灰固化块堆场（原一厂固化站）	17	一厂油库
8	化验室	18	一厂主厂房
9	检修物资仓库（原二厂固化站）	19	雨水收集池1
10	渗滤液处理站		

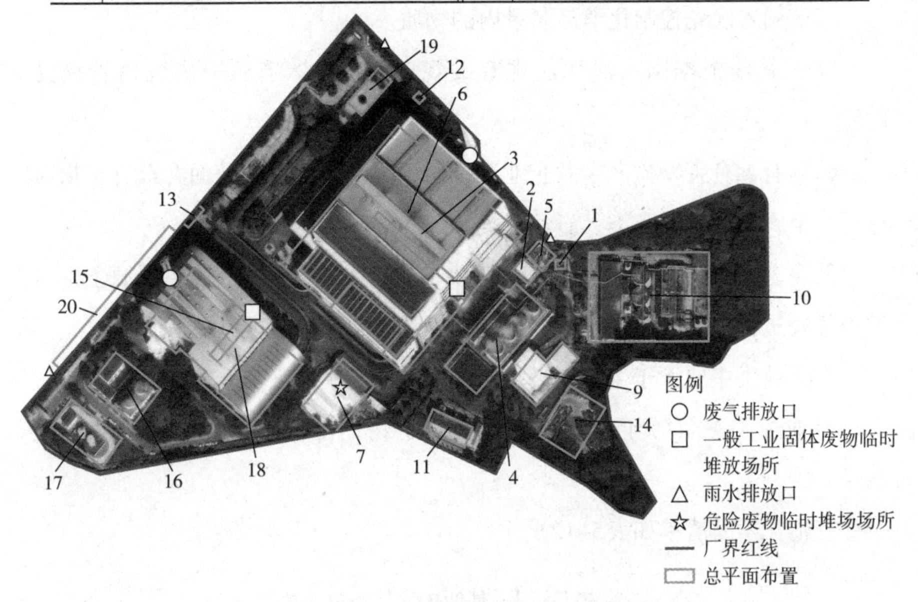

图5-10 厂区各主要排放口分布图

5.2.2.4 涉及的有毒有害物质清单

根据《重点监管单位土壤污染隐患排查指南（试行）》，有毒有害物质包括以下6种：

（1）列入《中华人民共和国水污染防治法》规定的有毒有害水污染物名录的污染物，包括二氯甲烷、三氯甲烷、三氯乙烯、四氯乙烯、甲醛、镉及镉化合物、汞及汞化合物、六价铬化合物、铅及铅化合物、砷及砷化合物。

（2）列入《中华人民共和国大气污染防治法》规定的有毒有害大气污染物名录的污染物，包括二氯甲烷、甲醛、三氯甲烷、三氯乙烯、四氯乙烯、乙醛、镉及其化合物、铬及其化合物、汞及其化合物、铅及其化合物、砷及其化合物。

（3）《中华人民共和国固体废物污染环境防治法》规定的危险废物。

（4）国家和地方建设用地土壤污染风险管控标准管控的污染物。

（5）列入优先控制化学品名录内的物质。

（6）其他根据国家法律法规有关规定应当纳入有毒有害物质管理的物质。

根据有毒有害物质名录及企业产排污情况，本地块涉及的有毒有害物质包括重金属类、二噁英类、石油烃类等。

其中重金属类汞、镉、铊、锑、砷、铅、铬、铜、锰、镍主要源于生活垃圾焚烧过程中的烟气、飞灰、废布袋等，渗滤液处理过程中污泥等。

二噁英类主要源于生活垃圾焚烧过程中的烟气、飞灰、废布袋等。

石油烃类主要源于设备检修过程中矿物油泄漏、焚烧炉启炉柴油泄漏等。

其他化学品清单如表5-12所示。

表5-12　其他化学品清单

序号	名称	存放地点	最大存放量/t	类别	危险特性
1	氨水	氨水罐	50	碱性腐蚀品	健康危害：吸入后对鼻、喉和肺有刺激性，引起咳嗽、气短和哮喘等；可因喉头水肿而窒息死亡；可发生肺水肿，引起死亡。氨水溅入眼内，可造成严重损害，甚至导致失明，皮肤接触可致灼伤。 慢性影响：反复低浓度接触，可引起支气管炎。皮肤反复接触，可致皮炎，表现为皮肤干燥、痒、发红。如果身体皮肤有伤口，一定要避免氨水接触伤口以防感染

续表

序号	名称	存放地点	最大存放量/t	类别	危险特性
2	盐酸	酸罐	18	酸性腐蚀品	健康危害：浓盐酸具有极强的挥发性、腐蚀性，属高毒类。接触盐酸蒸气或烟雾，可引起急性中毒；长期接触，会引起慢性鼻炎、慢性支气管炎、牙齿酸蚀症，并且损害皮肤。 环境危害：盐酸泄漏后会对水体和土壤造成污染
3	柴油	柴油罐	240	易燃易爆品	健康危害：皮肤接触为主要吸收途径，可导致急性肾脏损害。柴油可引起接触性皮炎、油性痤疮。吸入其雾滴或液体呛入可引起吸入性肺炎。柴油废气可引起眼、鼻刺激症状，头晕及头痛。 环境危害：对环境有危害，对水体和大气可造成污染
4	硫酸	硫酸罐	20	酸性腐蚀品	健康危害：浓硫酸具有极强的腐蚀性，硫酸与金属发生反应后会释出易燃的氢气，可能会导致爆炸，而作为强氧化剂的浓硫酸与金属进行氧化还原反应时会释出有毒的二氧化硫，威胁工作人员的健康。另外，长时间暴露在带有硫酸成分的浮质中，特别是高浓度浮质，会使呼吸管道受到严重的刺激，更可导致肺水肿
5	甲醇	渗滤液处理厂	7	有毒易燃易爆品	健康危害：甲醇的毒性对人体的神经系统和血液系统影响最大，它经消化道、呼吸道或皮肤摄入都会产生毒性反应，甲醇蒸汽能损害人的呼吸道黏膜和视力

5.2.3 重点监测单元识别与分类

5.2.3.1 重点监测单元情况

根据企业《工业企业土壤和地下水自行监测技术指南（试行）》（HJ 1209—2021，以下简称《技术指南》），结合厂区平面布置和功能区的划分。一厂油罐区和化水车间硫酸罐区分布较为紧密，单独划分为1个重点监测单元；一厂主厂房内设施统一划分为1个重点监测单元；飞灰固化块临时堆场划分为1个重点监测单元。二厂炉渣坑至垃圾储坑区域设施分布密集，均存在地下设施，因此将其单独划分为1个重点监测单元；二厂烟气处理设施区域和飞灰螯合区域重点设施分布密集，且均不存在地下隐蔽设施，因此将其划分为1个重点监测单元；二厂油罐、硫酸罐、氨水罐区域设施分布密集，将其划分为1个重点监测单元；渗滤液厂设施分布密集，将其划分为1个重点监测单元。综上，地块内设施共划分为8个重点单元，用字母A~H进行区分。

重点监测单元A：该单元内主要重点设施为一厂油罐、化学车间硫酸罐和输油管道等，该单元面积2 300m^2。输油管道设有流量计量装置，发生泄露后能及时发现和处理。其他设施均属于地上设施，并设有液位计。因此该区域内部不存在隐蔽性重点设施设备，根据《技术指南》，将该监测单元划分为二类重点监测单元。

重点监测单元B：该单元主要重点设施为一厂垃圾贮坑、渗滤液收集池、炉渣坑、一厂生产区、飞灰螯合区、各物料装卸区和渗滤液输送管道等，该单元面积5 850m^2。其中渗滤液收集池为隐蔽性重点设施设备。根据《技术指南》，将该监测单元划分为一类重点监测单元。

重点监测单元C：该单元主要重点设施为二厂垃圾贮坑、渗滤液收集池、炉渣坑、化验室、二噁英实验室和渗滤液输送管道等，该单元面积6 400m^2，其中渗滤液收集池为隐蔽性重点设施设备。根据《技术指南》，将该监测单元划分为一类重点监测单元。

重点监测单元D：该单元主要重点设施为二厂飞灰螯合区、螯合剂装载、3#生活垃圾焚烧线、4#生活垃圾焚烧线和5#生活垃圾焚烧线等，该单元面积6 200m^2，单元内部设施均属于地上设施，液体储罐均设有液位装置和混凝土围堰，发生泄露后能及时发现。因此该区域内部不存在隐蔽性重点设

施设备。根据《技术指南》，将该监测单元划分为二类重点监测单元。

重点监测单元E：该单元主要重点设施为二厂柴油罐、硫酸罐、氨水罐、柴油装卸、硫酸装卸、氨水装卸、飞灰螯合区、螯合剂装载、输油管线和渗滤液输送管道等，该单元面积2 400m^2。该区域设施均属于地上设施单元，液体储罐均设有液位装置和混凝土围堰，发生泄露后能及时发现。因此该单元内部不存在隐蔽性重点设施设备。根据《技术指南》，将该监测单元划分为二类重点监测单元。

重点监测单元F：该单元主要重点设施为飞灰固化块临时堆场和飞灰堆场废水收集池等，该单元面积2 000m^2，其中飞灰堆场废水收集池为隐蔽性重点设施设备。根据《技术指南》，将该监测单元划分为一类重点监测单元。

重点监测单元G：该单元主要重点设施为渗滤液厂设施，包括渗滤液处理厂初期雨水收集池、甲醇罐、UASB罐1#、UASB罐2#、UASB罐3#、硝化池、反硝化池和渗滤液处理综合厂房等，该单元面积5 900m^2，其中UASB罐1#、UASB罐2#、UASB罐3#、硝化池、反硝化池均为半地下储罐，属于隐蔽性重点设施设备。根据《技术指南》，将该监测单元划分为一类重点监测单元。

重点监测单元H：该单元主要重点设施为二厂初期雨水收集池，该单元面积700m^2。二厂初期雨水收集池设有液位装置和电磁阀等设施，污染发生后可及时发现，不属于隐蔽性重点设施设备。根据《技术指南》，将该监测单元划分为二类重点监测单元。

5.2.3.2　关注污染物

根据《技术指南》，本项目关注的污染物包括以下3类：

（1）项目环境影响评价书及环评批复文件中确定的土壤和地下水特征污染物，由于一厂和二厂建设时间较早，环评批复文件中确定的特征因子较少。

1）土壤特征因子：铅、镉、汞。

2）地下水特征因子：pH、高锰酸钾盐指数、硝酸盐、亚硝酸盐、氨氮、氟化物、汞、铅、镉、粪大肠菌群。

（2）排污许可证等相关规定或企业执行的污染物排放（控制）标准中可能对土壤或地下水造成影响的污染物。

1）土壤污染物指标：pH、氟化物、砷、汞、镉、铜、镍、铅、铬（六价）、锑、铊、钴、锰、二噁英类、石油烃（C10—C40）。

2）地下水污染物指标：pH、总硬度、溶解性总固体、硫酸盐、氯化物、铁、锰、铜、锌、铝、挥发性酚类、阴离子表面活性剂、耗氧量、氨氮、硫化物、钠、亚硝酸盐、硝酸盐、氰化物、氟化物、碘化物、汞、砷、硒、镉、铬（六价）、铅、悬浮物、粪大肠菌群、锑、铊、钴、可萃取性石油烃（C10—C40）。

（3）企业生产过程使用的原辅料、生产工艺、中间及最终产品中可能对土壤或地下水产生影响的，已纳入有毒有害或优先控制污染物名录的污染物指标或其他有毒污染物指标：砷、汞、镉、铜、镍、铅、铬（六价）、锑、铊、钴、锰、二噁英类、石油烃（C10—C40）。

5.2.4 监测点位布设方案

5.2.4.1 监测点位布设及原因分析

（1）各重点监测单元及对应监测点位。结合实际情况，厂区共设置6个土壤监测点位和6个地下水监测点位。平面位置如图5-11所示。相比于历史日常监测点位变化及变化原因如表5-13所示。

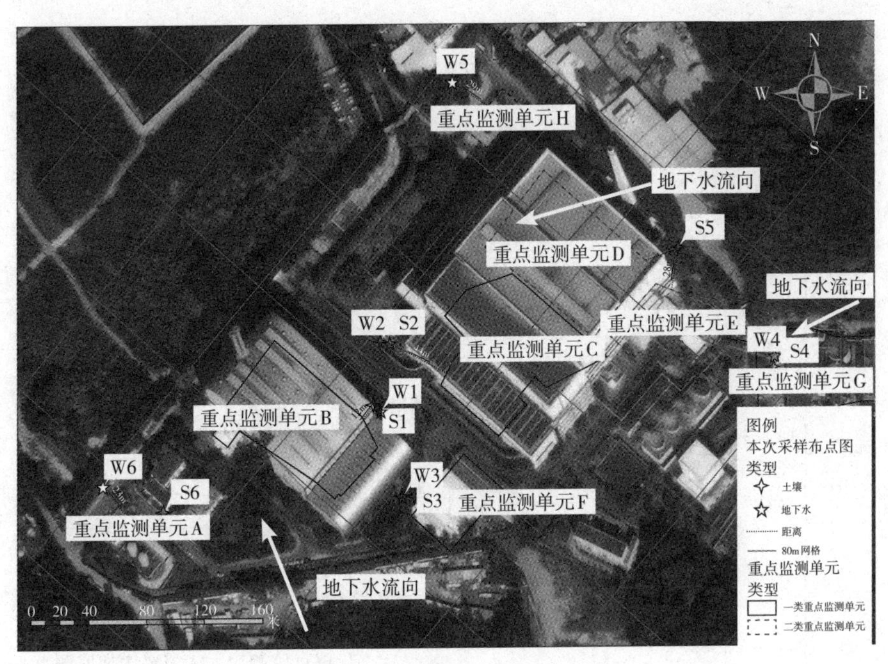

图5-11　土壤和地下水监测点位图

表5-13　重点监测单元及对应监测点位

序号	点位类型	点位设置	历史日常监测点位	变化情况	变化原因
1	土壤监测点位	S1	无	新增	重点监测单元B监控点位
2		S2	二厂厂内	不变	—
3		S3	一厂下风向	不变	—
4		S4	二厂上风向	不变	—
5		S5	无	新增	重点监测单元D和E监控点位
6		S6	一厂厂内	调整	原点位位于地下水上游，同时重点监测单元A需要增加监测点位，遂将原点位调整至S6位置

续表

序号	点位类型	点位设置	历史日常监测点位	变化情况	变化原因
7	地下水监测点位	W1	一厂垃圾储坑监视井	不变	—
8		W2	二厂垃圾储坑监视井	不变	—
9		W3	无	新增	飞灰固化块临时堆场识别为一类重点单元，新增地下水监测井
10		W4	二厂背景井	不变	—
11		W5	二厂扩散井	不变	—
12		W6	一厂扩散井	调整	原点位位于地下水上游，同时重点监测单元A需要增加监测点位，遂将原点位调整至W6位置，作为一厂下游扩散井，兼顾二类重点单元A和B的监视

（2）监测点位布设。土壤和地下水监测点位布设原因及对应重点监测单元如表5-14所示。

表5-14　土壤和地下水监测点位布设原因及对应重点监测单元

序号	点位名称	布设原因	对应监测单元
1	S1	位于重点监测单元B下游，靠近垃圾渗滤液收集池	重点监测单元B
2	S2	位于重点监测单元C下游，靠近垃圾渗滤液收集池	重点监测单元C
3	S3	位于重点监测单元F下游，靠近飞灰固化块临时堆场废水收集池	重点监测单元F

续表

序号	点位名称	布设原因	对应监测单元
4	S4	位于重点监测单元G下游，靠近渗滤液处理站	重点监测单元G
5	S5	位于重点监测单元D和E附近，处于重点监测单元D和E卸料、飞灰固化车间等附近	重点监测单元D和E
6	S6	位于重点监测单元A内，位于油库区	重点监测单元A
7	W1	位于重点监测单元B下游，靠近垃圾渗滤液收集池	重点监测单元B
8	W2	位于重点监测单元C下游，靠近垃圾渗滤液收集池	重点监测单元C
9	W3	位于重点监测单元F下游，靠近飞灰固化块临时堆场废水收集池	重点监测单元F
10	W4	位于重点监测单元G下游，靠近渗滤液处理站	重点监测单元G
11	W5	位于二厂下游，兼顾二厂厂区重点监测单元H、D、E内生产活动对地下水的影响	重点监测单元H、D、E
12	W6	位于一厂下游，兼顾一厂厂区重点监测单元A、B内生产活动对地下水的影响	重点监测单元A、B

重点监测单元H仅为二厂初期雨水收集池，并且该池设有液位装置和电磁阀，若有泄露可及时发现，因此该区不设土壤监测点位。该区地下水监测由W6地下水监测井兼顾。

由于厂区位于西北开敞的一个山谷的底部，现场不具备设置背景点的条件，因此本方案不设置土壤背景点。

（3）各点位采样深度。

1）土壤采样深度。根据《技术指南》，一类单元涉及的每个隐蔽性重点设施设备周边原则上均应布设至少1个深层土壤监测点，单元内部或周边还应布设至少1个表层土壤监测点。每个二类单元内部或周边原则上均应布设至少1个表层土壤监测点，具体位置及数量可根据单元大小或单元内重点场所或重点设施设备的数量及分布等实际情况适当调整。监测点原则上应布设在土壤裸露处，并兼顾考虑设置在雨水易于汇流和积聚的区域，污染途径包含扬散的单元还应结合污染物主要沉降位置确定点位。

深层土壤监测点采样深度应略低于其对应的隐蔽性重点设施设备底部与土壤接触面。下游50m范围内设有地下水监测井并按照《技术指南》要求开展地下水监测的单元可不布设深层土壤监测点。

综上，本次土壤采样深度如表5-15所示。

表5-15　本次土壤采样深度

序号	点位名称	对应监测单元	监测单元类别	钻孔深度/m	深度设置理由	50m范围内是否设有地下水监测井
1	S1	重点监测单元B	一类单元	11（表层、底层）	略低于单元内渗滤液收集池底部	是
2	S2	重点监测单元C	一类单元	10（表层、底层）		是
3	S3	重点监测单元F	一类单元	6（表层、底层）	略低于单元内收集池底部	—
4	S4	重点监测单元G	一类单元	6（表层、底层）	略低于单元内渗滤液处理池底部	是
5	S5	重点监测单元D和E	二类单元	0.5	—	—
6	S6	重点监测单元A	二类单元	0.5	—	—

2）地下水采样深度。根据《技术指南》，自行监测原则上只调查潜水，涉及地下取水的企业应考虑增加取水层监测。人员访谈和现场调研表明，企业以前存在取水井，但是目前已全部封堵废弃，因此本次仅调查潜水。

5.2.4.2 监测因子选取及原因分析

（1）土壤监测指标。根据《技术指南》，土壤监测点的监测指标应包括《土壤环境质量 建设用地土壤污染风险管控标准（试行）》（GB 36600—2018）中表1基本项目和厂内所有重点设施涉及上述指标外的污染物。

根据历史土壤环境调查和监测结果，地块所在区域土壤中砷受外源因素影响存在超标的现象。由于本次监测的主要目的是掌握生产过程对土壤环境的影响情况。因此依据《技术指南》后续监测要求，本次监测后续土壤监测指标不考虑砷污染。

本次土壤监测指标如表5-16所示。

表5-16 本次土壤监测指标

序号	监测项目类别	监测项目
1	《土壤环境质量 建设用地土壤污染风险管控标准（试行）》表1 45项基本项目	重金属：砷、汞、镉、铜、镍、铅、铬（六价） 挥发性有机物：四氯化碳、氯仿（三氯甲烷）、氯甲烷、1,1-二氯乙烷、1,2-二氯乙烷、1,1-二氯乙烯、顺-1,2-二氯乙烯、反-1,2-二氯乙烯、二氯甲烷、1,2-二氯丙烷、1,1,1,2-四氯乙烷、1,1,2,2-四氯乙烷、四氯乙烯、1,1,1-三氯乙烷、1,1,2-三氯乙烷、三氯乙烯、1,2,3-三氯丙烷、氯乙烯、苯、氯苯、1,2-二氯苯、1,4-二氯苯、乙苯、苯乙烯、甲苯、间二甲苯+对二甲苯、邻二甲苯 半挥发性有机物：硝基苯、苯胺、2-氯苯酚、苯并[*a*]蒽、苯并[*a*]芘、苯并[*b*]荧蒽、苯并[*k*]荧蒽、䓛、二苯并[*a,h*]蒽、茚并[1,2,3-*cd*]芘、萘
2	其余需重点监测的污染物	pH、氟化物、铊、钴、锰、铋、锑、二噁英类、石油烃（C_{10}–C_{40}）

（2）地下水监测指标。根据《技术指南》，地下水监测井的监测指标应包括《地下水质量标准》（GB/T 14848—2017）表1中常规指标（微生物指

标、放射性指标除外），同时还应考虑厂内所有重点设施涉及上述指标外的污染物。根据历史地下水环境调查和监测结果，地块所在区域地下水受到生活类污染源的影响，大肠菌群指标监测结果偏高，部分点位高锰酸盐指数、氨氮、亚硝酸盐、硝酸盐氮和微生物指标偏高。

综上，由于本次监测的主要目的是掌握生产过程对地下水环境的影响情况。因此依据《技术指南》后续监测要求，本次监测后续地下水监测指标不考虑微生物指标、高锰酸盐指数（耗氧量）、氨氮和亚硝酸盐。

本次地下水监测指标如表5-17所示。

表5-17　本次地下水监测指标

序号	监测项目类别	监测项目
1	《地下水质量标准》表1常规指标（微生物指标、放射性指标除外）	感官性状及一般化学指标：色、嗅和味、浑浊度、肉眼可见物、pH、总硬度、溶解性总固体、硫酸盐、氯化物、铁、锰、铜、锌、铝、挥发性酚类、阴离子表面活性剂、耗氧量、氨氮、硫化物、钠 毒理学指标：亚硝酸盐、硝酸盐、氰化物、氟化物、碘化物、汞、砷、硒、镉、铬（六价）、铅、三氯甲烷、四氯化碳、苯、甲苯
2	《地下水质量标准》表1常规指标（微生物指标、放射性指标除外）之外重点关注的污染物	悬浮物、铋、铍、钡、锑、铊、钴、镍、总铬、石油烃（C_{10}–C_{40}）

5.2.4.3　监测频次

根据属地生态环保部门要求，后续监测工作应按《技术指南》要求的频次确定和实施。

5.2.4.4　监测信息一览表

各点位监测信息见表5-18。

表5-18　监测信息一览表

<table>
<tr><th>序号</th><th>点位名称</th><th>本次钻孔深度/m</th><th>本次监测项目</th><th>后续采样深度/m</th><th>后续监测项目</th></tr>
<tr><td>1</td><td>S1</td><td>11（表层、底层）</td><td rowspan="6">重金属：砷、汞、镉、铜、镍、铅、铬（六价）
挥发性有机物：四氯化碳、氯仿（三氯甲烷）、氯甲烷、1,1-二氯乙烷、1,2-二氯乙烷、1,1-二氯乙烯、顺-1,2-二氯乙烯、反-1,2-二氯乙烯、二氯甲烷、1,2-二氯丙烷、1,1,1,2-四氯乙烷、1,1,2,2-四氯乙烷、四氯乙烯、1,1,1-三氯乙烷、1,1,2-三氯乙烷、三氯乙烯、1,2,3-三氯丙烷、氯乙烯、苯、氯苯、1,2-二氯苯、1,4-二氯苯、乙苯、苯乙烯、甲苯、间二甲苯+对二甲苯、邻二甲苯
半挥发性有机物：硝基苯、苯胺、2-氯苯酚、苯并[a]蒽、苯并[a]芘、苯并[b]荧蒽、苯并[k]荧蒽、䓛、二苯并[a,h]蒽、茚并[1,2,3-cd]芘、萘
pH、氟化物、铊、钴、锰、铋、锑、二噁英类、石油烃（C_{10}–C_{40}）</td><td>0~0.5（表层）</td><td rowspan="6">pH、氟化物、汞、镉、铜、镍、铅、铬（六价）、锑、铊、钴、锰、二噁英</td></tr>
<tr><td>2</td><td>S2</td><td>10（表层、底层）</td><td>0~0.5（表层）</td></tr>
<tr><td>3</td><td>S3</td><td>6（表层、底层）</td><td>0~0.5（表层）</td></tr>
<tr><td>4</td><td>S4</td><td>6（表层、底层）</td><td>0~0.5（表层）</td></tr>
<tr><td>5</td><td>S5</td><td>0.5（表层）</td><td>0~0.5（表层）</td></tr>
<tr><td>6</td><td>S6</td><td>0.5（表层）</td><td>0~0.5（表层）</td></tr>
<tr><td>7</td><td>W1</td><td>潜水</td><td rowspan="6">感官性状及一般化学指标：色、嗅和味、浑浊度、肉眼可见物、pH、总硬度、溶解性总固体、硫酸盐、氯化物、铁、锰、铜、锌、铝、挥发性酚类、阴离子表面活性剂、耗氧量、氨氮、硫化物、钠
毒理学指标：亚硝酸盐、硝酸盐、氰化物、氟化物、碘化物、汞、砷、硒、镉、铬（六价）、铅、三氯甲烷、四氯化碳、苯、甲苯、悬浮物、铋、铍、钡、锑、铊、钴、镍、总铬、可萃取性石油烃（C_{10}–C_{40}）</td><td>潜水</td><td rowspan="6">pH、总硬度、悬浮物、溶解性总固体、硫酸盐、氯化物、挥发性酚类、阴离子表面活性剂、硫化物、氰化物、氟化物、汞、砷、硒、镉、铬（六价）、铅、铁、锰、铜、锌、锑、铊、钴、钡、镍、总铬、可萃取性石油烃（C_{10}–C_{40}）</td></tr>
<tr><td>8</td><td>W2</td><td>潜水</td><td>潜水</td></tr>
<tr><td>9</td><td>W3</td><td>潜水</td><td>潜水</td></tr>
<tr><td>10</td><td>W4</td><td>潜水</td><td>潜水</td></tr>
<tr><td>11</td><td>W5</td><td>潜水</td><td>潜水</td></tr>
<tr><td>12</td><td>W6</td><td>潜水</td><td>潜水</td></tr>
</table>

5.2.4.5 评价标准

土壤评价标准：根据《土壤环境质量　建设用地土壤污染风险管控标准（试行）》中关于建设用地的分类，现阶段该地块土地利用性质为城市建设用地中的公共设施用地（U）。因此，本方案中土壤环境风险评价筛选值参考该标准中第二类用地筛选值。锌、铬参考《土壤重金属风险评价筛选值珠江三角洲》（DB44/T　1415—2014）中工业用地筛选值。其他未列明的检测项目根据《技术指南》确定。

地下水评价标准：根据《广东省地下水功能区划》（粤办函〔2009〕459号），本地块所处区域地下水按《地下水质量标准》中Ⅲ类水质标准执行。

5.2.5 监测结果分析

5.2.5.1 土壤监测结果

土壤基本理化指标点位数6个，样品数9个。pH范围为5.55~10.57（无量纲），水分范围11.5%~49.2%，氟化物454~832 mg/kg。

所有土壤样品均测砷、汞、镉、铜、镍、铅、六价铬、锑、铊、钴、锰和铋。

（1）砷检出率100%，浓度范围为6.49~75.1mg/kg，超标点位S2-2。

（2）汞检出率100%，浓度范围为0.014~0.123mg/kg。

（3）镉检出率100%，浓度范围为0.02~1.32mg/kg。

（4）铜检出率100%，浓度范围为8.1~58mg/kg。

（5）镍检出率100%，浓度范围为7~32mg/kg。

（6）铅检出率89%，浓度范围为0~194mg/kg。

（7）铬（六价）检出率0%。

（8）锑检出率100%，浓度范围为0.63~3.18mg/kg。

（9）铊检出率100%，浓度范围为0.5~2.5mg/kg。

（10）钴检出率100%，浓度范围为5~30mg/kg。

（11）锰检出率100%，浓度范围为80~421mg/kg。

（12）铋检出率100%，浓度范围为1.26~9.25mg/kg。

挥发性有机物指标点位数6个，样品数9个，所有样品中四氯化碳、氯仿（三氯甲烷）、氯甲烷、1, 1–二氯乙烷、1, 2–二氯乙烷、1, 1–二氯乙烯、顺–1, 2–二氯乙烯、反–1, 2–二氯乙烯、二氯甲烷、1, 2–二氯丙烷、1, 1, 1, 2–四氯乙烷、1, 1, 2, 2–四氯乙烷、四氯乙烯、1, 1, 1–三氯乙烷、1, 1, 2–三氯乙烷、三氯乙烯、1, 2, 3–三氯丙烷、氯乙烯、苯、氯苯、1, 2–二氯苯、1, 4–二氯苯、乙苯、苯乙烯、甲苯、间二甲苯+对二甲苯、邻二甲苯均未检出。

半挥发性有机物指标点位数为6个，样品数为9个，所有样品中硝基苯、苯胺、2–氯苯酚、苯并[*a*]蒽、苯并[*a*]芘、苯并[*b*]荧蒽、苯并[*k*]荧蒽、䓛、二苯并[*a*, *h*]蒽、茚并[1, 2, 3–*cd*]芘、萘均未检出。

石油烃（C_{10}–C_{40}）点位为6个，样品数为9个，检测结果范围为9~44 mg/kg。

二噁英类点位为6个，样品数为9个，检测结果范围为8.1×10^{-7}~3.4×10^{-5}mg TEQ/kg。

具体检测结果见表5–19。

表5–19　土壤检测结果一览表

点位编号	S1	S2–1	S2–2	S3–1	S3–2	S4–1	S4–2	S5	S6	筛选值/（mg/kg）
pH（无量纲）	6.44	10.57	7.41	8.51	5.55	8.24	7.84	8.79	8.4	—
水分/%	15.9	11.5	49.2	19.4	22.3	13.9	22.6	11.6	12.1	—
氟化物	764	545	829	810	622	554	457	454	766	—
砷	6.49	8.84	**75.1**	48.9	26.4	44.7	34.3	47.4	32.7	60

续表

点位编号	S1	S2-1	S2-2	S3-1	S3-2	S4-1	S4-2	S5	S6	筛选值/（mg/kg）
汞	0.041	0.014	0.088	0.039	0.123	0.064	0.053	0.059	0.061	38
镉	0.02	0.07	0.13	0.04	0.02	0.06	0.02	0.32	1.32	65
铜	9	8	15	19	11	11	21	34	58	18 000
镍	14	7	23	19	14	13	29	32	27	900
铅	69	65	68	47	24	18	未检出	55	194	800
六价铬	未检出	未检出	未检出	未检出	未检出	未检出	未检出	未检出	未检出	5.7
锑	0.63	0.96	0.85	1.14	0.79	0.85	0.67	2.58	3.18	180
铊	1.4	0.5	1.2	1.7	0.5	2.5	1.1	1.4	1.7	—
钴	16	5	30	10	6	8	14	13	13	70
锰	343	421	90.2	185	80.1	101	120	273	320	—
铋	1.26	2.22	9.25	3.75	8.3	1.81	3.18	2.98	1.26	—
四氯化碳	未检出	未检出	未检出	未检出	未检出	未检出	未检出	未检出	未检出	2.8
氯仿	未检出	未检出	未检出	未检出	未检出	未检出	未检出	未检出	未检出	0.9
氯甲烷	未检出	未检出	未检出	未检出	未检出	未检出	未检出	未检出	未检出	37
1,1-二氯乙烷	未检出	未检出	未检出	未检出	未检出	未检出	未检出	未检出	未检出	9
1,2-二氯乙烷	未检出	未检出	未检出	未检出	未检出	未检出	未检出	未检出	未检出	5
1,1-二氯乙烯	未检出	未检出	未检出	未检出	未检出	未检出	未检出	未检出	未检出	66
顺-1,2-二氯乙烯	未检出	未检出	未检出	未检出	未检出	未检出	未检出	未检出	未检出	596
反-1,2-二氯乙烯	未检出	未检出	未检出	未检出	未检出	未检出	未检出	未检出	未检出	54
二氯甲烷	未检出	未检出	未检出	未检出	未检出	未检出	未检出	未检出	未检出	616

续表

点位编号	S1	S2-1	S2-2	S3-1	S3-2	S4-1	S4-2	S5	S6	筛选值/（mg/kg）
1,2-二氯丙烷	未检出	未检出	未检出	未检出	未检出	未检出	未检出	未检出	未检出	5
1,1,1,2-四氯乙烷	未检出	未检出	未检出	未检出	未检出	未检出	未检出	未检出	未检出	10
1,1,2,2-四氯乙烷	未检出	未检出	未检出	未检出	未检出	未检出	未检出	未检出	未检出	6.8
四氯乙烯	未检出	未检出	未检出	未检出	未检出	未检出	未检出	未检出	未检出	53
1,1,1-三氯乙烷	未检出	未检出	未检出	未检出	未检出	未检出	未检出	未检出	未检出	840
1,1,2-三氯乙烷	未检出	未检出	未检出	未检出	未检出	未检出	未检出	未检出	未检出	2.8
三氯乙烯	未检出	未检出	未检出	未检出	未检出	未检出	未检出	未检出	未检出	2.8
1,2,3-三氯丙烷	未检出	未检出	未检出	未检出	未检出	未检出	未检出	未检出	未检出	0.5
氯乙烯	未检出	未检出	未检出	未检出	未检出	未检出	未检出	未检出	未检出	0.43
苯	未检出	未检出	未检出	未检出	未检出	未检出	未检出	未检出	未检出	4
氯苯	未检出	未检出	未检出	未检出	未检出	未检出	未检出	未检出	未检出	270
1,2-二氯苯	未检出	未检出	未检出	未检出	未检出	未检出	未检出	未检出	未检出	560
1,4-二氯苯	未检出	未检出	未检出	未检出	未检出	未检出	未检出	未检出	未检出	20
乙苯	未检出	未检出	未检出	未检出	未检出	未检出	未检出	未检出	未检出	28
苯乙烯	未检出	未检出	未检出	未检出	未检出	未检出	未检出	未检出	未检出	1 290
甲苯	未检出	未检出	未检出	未检出	未检出	未检出	未检出	未检出	未检出	1 200
间，对-二甲苯	未检出	未检出	未检出	未检出	未检出	未检出	未检出	未检出	未检出	570
邻二甲苯	未检出	未检出	未检出	未检出	未检出	未检出	未检出	未检出	未检出	640

续表

点位编号	S1	S2-1	S2-2	S3-1	S3-2	S4-1	S4-2	S5	S6	筛选值/(mg/kg)
硝基苯	未检出	未检出	未检出	未检出	未检出	未检出	未检出	未检出	未检出	76
苯胺	未检出	未检出	未检出	未检出	未检出	未检出	未检出	未检出	未检出	260
2-二氯酚	未检出	未检出	未检出	未检出	未检出	未检出	未检出	未检出	未检出	2 256
苯并[*a*]蒽	未检出	未检出	未检出	未检出	未检出	未检出	未检出	未检出	未检出	15
苯并[*a*]芘	未检出	未检出	未检出	未检出	未检出	未检出	未检出	未检出	未检出	1.5
苯并[*b*]荧蒽	未检出	未检出	未检出	未检出	未检出	未检出	未检出	未检出	未检出	15
苯并[*k*]荧蒽	未检出	未检出	未检出	未检出	未检出	未检出	未检出	未检出	未检出	151
䓛	未检出	未检出	未检出	未检出	未检出	未检出	未检出	未检出	未检出	1 293
二苯并[*a,h*]	未检出	未检出	未检出	未检出	未检出	未检出	未检出	未检出	未检出	1.5
茚并[1,2,3-*cd*]芘	未检出	未检出	未检出	未检出	未检出	未检出	未检出	未检出	未检出	15
萘	未检出	未检出	未检出	未检出	未检出	未检出	未检出	未检出	未检出	70
石油烃(C_{10}-C_{40})	10	11	17	16	9	11	11	9	44	4 500
二噁英类(mgTEQ/kg)	1.7×10^{-6}	2.0×10^{-6}	7.3×10^{-6}	9.6×10^{-7}	1.8×10^{-6}	8.1×10^{-7}	3.5×10^{-6}	1.2×10^{-5}	3.4×10^{-5}	4×10^{-5}

5.2.5.2 地下水监测结果

地块内从6个监测井中各采集6个地下水样品进行实验室检测，总计6个地下水样品（不含平行样）。检测指标包括常规理化指标、重金属、半挥发性有机物以及石油烃（C_{10}-C_{40}）。

目标地块的地下水无机物指标中浑浊度、氨氮和耗氧量有超标，其中浑浊度超标7~39.7倍、氨氮超标1.6~3.4倍、耗氧量超标1.1倍。其他检测指标均未超标。检测结果统计表见表5-20。

表5-20　地下水检测结果一览表

点位编号	单位	W1	W2	W3	W4	W5	W6	地下水Ⅲ类限值
色	度	<5	<5	5	5	<5	5	5
嗅和味（煮沸后）	—	无	无	无	无	无	无	无
浑浊度	NTU	20	21	119	76	97	112	3
pH	无量纲	8.3	7.9	7.8	7.8	8.2	7.3	6.5~8.5
总硬度	mg/L	176	285	383	350	102	274	450
溶解性总固体		363	548	851	703	217	508	1 000
硫酸盐		14.44	17.2	未检出	27.9	未检出	66.3	250
氯化物		26.05	102	189	18.7	31.45	48.6	250
铁		未检出	未检出	未检出	未检出	未检出	未检出	0.3
锰		0.03	未检出	0.03	未检出	0.03	0.03	0.10
铜	μg/L	0.78	0.42	0.33	2.25	0.52	0.47	1 000
锌		8.55	5.76	8.5	5.33	9.48	8.91	1 000
铝		3.23	2.49	4.23	1.01	未检出	0.34	200
挥发性酚类	mg/L	未检出	未检出	未检出	未检出	未检出	未检出	0.002
阴离子表明活性剂		未检出	未检出	未检出	未检出	未检出	未检出	0.3
耗氧量		0.83	0.38	3.27	2.28	1.02	3.19	3.0
氨氮		0.12	0.325	6.8	3.28	0.824	0.823	0.50

续表

点位编号	单位	W1	W2	W3	W4	W5	W6	地下水Ⅲ类限值
硫化物	mg/L	未检出	未检出	未检出	未检出	未检出	未检出	0.02
钠		55.09	15.3	119	44	32.4	73.9	200
亚硝酸盐		未检出	未检出	未检出	未检出	未检出	未检出	1.00
硝酸盐		未检出	未检出	未检出	未检出	未检出	未检出	20.0
氰化物		未检出	未检出	未检出	未检出	未检出	未检出	0.05
氟化物		未检出	未检出	未检出	未检出	未检出	未检出	1.0
碘化物		未检出	未检出	未检出	未检出	未检出	未检出	0.08
汞	μg/L	0.08	0.2	0.08	0.12	0.08	0.16	1
砷		未检出	0.3	未检出	0.6	未检出	1.8	10
硒		1.42	1.4	1.4	1.3	1.35	1.4	10
六价铬		未检出	未检出	未检出	未检出	未检出	未检出	0.05
铅		0.03	未检出	0.11	未检出	0.13	0.14	10
三氯甲烷		未检出	未检出	未检出	未检出	未检出	未检出	60
四氯化碳		未检出	未检出	未检出	未检出	未检出	未检出	2.0
苯		未检出	未检出	未检出	未检出	未检出	未检出	10.0
甲苯		未检出	未检出	未检出	未检出	未检出	未检出	700
悬浮物	mg/L	70.5	58	85	59	271	54	—
铋	μg/L	未检出	未检出	未检出	未检出	未检出	未检出	—
铍		未检出	0.12	0.09	未检出	0.12	0.15	2
钡		66.34	106	89.5	56.8	89.9	89.8	700
锑		未检出	0.19	未检出	1.85	未检出	未检出	5
铊		0.05	未检出	未检出	未检出	未检出	未检出	0.1
镍		0.29	0.47	0.85	1.04	1.30	2.34	20

续表

点位编号	单位	W1	W2	W3	W4	W5	W6	地下水Ⅲ类限值
总铬	μg/L	未检出	0.63	未检出	0.27	未检出	0.13	—
钴		0.4	0.04	3.74	0.13	3.67	3.79	50
可萃取性石油烃（C_{10}–C_{40}）	mg/L	0.08	0.07	0.09	0.14	0.05	0.09	—

5.2.6 结论与改进措施

5.2.6.1 监测结论

9个土壤样品中仅砷超标，超标倍数为1.25倍。挥发性有机化合物四氯化碳、氯仿（三氯甲烷）、氯甲烷、1, 1–二氯乙烷、1, 2–二氯乙烷、1, 1–二氯乙烯、顺–1, 2–二氯乙烯、反–1, 2–二氯乙烯、二氯甲烷、1, 2–二氯丙烷、1, 1, 1, 2–四氯乙烷、1, 1, 2, 2–四氯乙烷、四氯乙烯、1, 1, 1–三氯乙烷、1, 1, 2–三氯乙烷、三氯乙烯、1, 2, 3–三氯丙烷、氯乙烯、苯、氯苯、1, 2–二氯苯、1, 4–二氯苯、乙苯、苯乙烯、甲苯、间二甲苯+对二甲苯、邻二甲苯均未检出。半挥发性有机化合物硝基苯、苯胺、2–氯苯酚、苯并[*a*]蒽、苯并[*a*]芘、苯并[*b*]荧蒽、苯并[*k*]荧蒽、䓛、二苯并[*a*, *h*]蒽、茚并[1, 2, 3–*cd*]芘、萘均未检出。石油烃（C_{10}–C_{40}）浓度范围为9~44 mg/kg。二噁英类浓度范围为8.1×10^{-7}~3.4×10^{-5}mg TEQ/kg。根据历史土壤调查结果分析，地块内砷主要受地质条件和其他生活垃圾填埋场等外部因素影响。

地块的地下水无机物指标中浑浊度、氨氮和耗氧量有超标，其中浑浊度超标7~39.7倍、氨氮超标1.6~3.4倍、耗氧量超标1.1倍。其他检测指标均未超标。根据历史地下水调查和项目环评结果，地块内地下水水已受生活源污染，造成这种现象的原因主要受生活垃圾填埋场的影响。

综上，该公司2022年度土壤和地下水监测中除外部因素影响的指标超标外，其他重点关注的污染物均未超标。

5.2.6.2 企业针对监测结果拟采取的主要措施及原因

企业应当建立和实施土壤污染隐患排查治理制度，针对重点区域和设施定期开展隐患排查。针对土壤污染隐患排查结果，制订具有针对性的整改方案及措施，及时消除隐患。如实记录并建立企业隐患排查、治理情况的档案。总体上，企业应在日常监管、定期巡视检查、重点设施设备自动检测及渗漏检测等方面进行改善。

在土壤隐患排查、日常环境监测等工作中发现存在污染情况时，应及时排查污染源并查找原因，采取有效措施防止新增污染，同时参照相关环境管理规定开展土壤污染调查与风险评估，根据调查、评估结果采取风险管控或修复治理措施。

5.2.6.3 后续监测方案及管理要求

根据《技术指南》和自行监测方案中的相关要求，结合本次自行监测结果，企业后续应按表5-21开展后续监测。

表5-21 后续监测信息一览表

序号	点位名称	采样深度/m	监测项目	监测频次
1	S1	0~0.5（表层）	pH、氟化物、汞、镉、铜、镍、铅、铬（六价）、锑、铊、钴、锰、二噁英	1次/年
2	S2	0~0.5（表层）		
3	S3	0~0.5（表层）		
4	S4	0~0.5（表层）		
5	S5	0~0.5（表层）		
6	S6	0~0.5（表层）		

续表

序号	点位名称	采样深度 /m	监测项目	监测频次
7	W1	潜水	pH、总硬度、悬浮物、溶解性总固体、硫酸盐、氯化物、挥发性酚类、阴离子表面活性剂、硫化物、氰化物、氟化物、汞、砷、硒、镉、铬（六价）、铅、铁、锰、铜、锌、锑、铊、钴、钡、镍、总铬、石油烃（C_{10}–C_{40}）	1次/季度
8	W2	潜水		
9	W3	潜水		
10	W4	潜水		
11	W5	潜水		
12	W6	潜水		

5.3　环境空气监测案例分析

环境空气跟踪评价监测主要是对根据生活垃圾焚烧发电厂的日常环境空气监测数据（自行监测数据、在线数据等）分析企业有组织废气排放和无组织废气排放是否达标，来判断污染治理设施的运行情况，分析所采取环保措施的实际效果。监测报告应根据实际情况汇总为季度、年度报告并存档，便于生态环境主管部门的监督监管。

5.3.1　案例概况

某公司营运项目包括一分厂和二分厂（以下简称“一厂”和“二厂”）。一厂于2005年年底建成投产，配备2台生活垃圾焚烧炉和1台汽轮发电机组，设计生活垃圾处理量1000吨/天。二厂于2013年建成投产，配备3台垃圾焚烧炉和2台汽轮发电机组，设计生活垃圾处理量2250吨/天。

5.3.2 环境空气监测结果统计分析

5.3.2.1 2022年监测结果统计

企业全年有组织废气、无组织废气和环境空气监测结果统计如表5-22~表5-24所示。

表5-22 2022年有组织废气监测结果统计

基础信息								
全年生产天数：365；监测天数：365								
监测项目	一厂				二厂			
	1#烟囱		2#烟囱		1#焚烧炉出口		2#焚烧炉出口	
监测因子	监测次数	达标情况	监测次数	达标情况	监测次数	达标情况	监测次数	达标情况
一氧化碳	在线自动监测	均达标	在线自动监测	均达标	在线自动监测	均达标	在线自动监测	均达标
	人工12	均达标	人工12	均达标	人工12	均达标	人工12	均达标
二氧化硫	在线自动监测	均达标	在线自动监测	均达标	在线自动监测	均达标	在线自动监测	均达标
	人工12	均达标	人工12	均达标	人工12	均达标	人工12	均达标
氮氧化物	在线自动监测	均达标	在线自动监测	均达标	在线自动监测	均达标	在线自动监测	均达标
	人工12	均达标	人工12	均达标	人工12	均达标	人工12	均达标
烟尘	在线自动监测	均达标	在线自动监测	均达标	在线自动监测	均达标	在线自动监测	均达标
	人工12	均达标	人工12	均达标	人工12	均达标	人工12	均达标
氯化氢	在线自动监测	均达标	在线自动监测	均达标	在线自动监测	均达标	在线自动监测	均达标
	人工12	均达标	人工12	均达标	人工12	均达标	人工12	均达标
汞及其化合物	人工12	均达标	人工12	均达标	人工12	均达标	人工12	均达标

续表

基础信息								
全年生产天数：365；监测天数：365								
监测项目	一厂				二厂			
	1#烟囱		2#烟囱		1#焚烧炉出口		2#焚烧炉出口	
锅、铊及其化合物	人工12	均达标	人工12	均达标	人工12	均达标	人工12	均达标
锑、砷、铅、钴、铬、铜、锰、镍及其化合物	人工12	均达标	人工12	均达标	人工12	均达标	人工12	均达标
二噁英类	人工2	均达标	人工2	均达标	人工2	均达标	人工2	均达标

表5-23　2022年无组织废气监测结果统计

基础信息					
全年生产天数：365					
监测类型	监测点位		监测因子	监测次数	达标情况
无组织废气	一厂	厂界下风向	臭气浓度、硫化氢等	人工4	均达标
	二厂		臭气浓度、硫化氢等	人工4	均达标

表5-24　2022年厂界周边环境空气监测结果统计

基础信息				
全年生产天数：365				
监测类型	监测点位	监测因子	监测次数	达标次数
环境空气	××村	臭气浓度、硫化氢等	1	1
	××社	臭气浓度、硫化氢等	1	1
	××村委	臭气浓度、硫化氢等	1	1
	××社	臭气浓度、硫化氢等	1	1
	××小学	二噁英类	3年/次	1
	××村	二噁英类	3年/次	1
	××村	二噁英类	3年/次	1
	厂区下风向	二噁英类	3年/次	1

5.3.2.2 结果分析

（1）有组织排放废气。结合上述监测数据分析，企业一厂的1#烟囱、2#烟囱和二厂的1#焚烧炉出口、2#焚烧炉出口的焚烧炉废气排放口一氧化碳、二氧化硫、氮氧化物、烟尘、氯化氢、汞及其化合物、镉+铊及其化合物、锑+砷+铅+铬+钴+铜+锰+镍及其化合物、二噁英类等污染物全年的排放浓度均符合排污许可证要求。

（2）无组织排放废气。结合上述监测数据分析，企业无组织排放废气中臭气浓度、硫化氢等污染物浓度均符合《恶臭污染物排放标准》（GB 14554—1993）中新扩改建项目的二级标准要求。

（3）周边环境空气。结合上述监测数据分析，企业周边环境空气臭气浓度、硫化氢、二噁英类等污染物浓度均满足排污许可证限值标准的要求。

5.3.3 结论

本案例结合生活垃圾焚烧发电厂有组织废气、无组织废气和环境空气一年监测数据进行统计分析，结果显示，发电厂排放口附近的废气污染物排放浓度和厂区无组织废气污染物排放浓度均在国家排放标准之内，而且发电厂周边敏感区域的空气质量也保持良好，未出现明显的污染现象。

发电厂环境空气跟踪评价监测对于确保发电厂合规运行、评估发电厂对周边环境的影响、促进发电厂绿色发展和技术创新以及加强公众沟通等方面都具有重要意义。因此，发电厂应高度重视环境空气监测工作，加强监测能力建设，提高监测数据的准确性和可靠性，为环保工作和可持续发展提供有力支撑。

5.4　风险评估案例分析

5.4.1　环境风险评估概述

环境风险评估的基本概念和原理包括辨识环境风险、评估风险概率与影响、评估风险的严重性、制订应对措施以及监测和复审制度。生活垃圾焚烧发电厂环境风险评估是一种系统性的方法，用于识别、评估和管理企业的环境风险，便于采取适当的措施来降低风险。

环境风险评估的目标是为生活垃圾焚烧厂提供决策支持，帮助企业、政府和其他利益相关者了解和管理环境风险，保护环境和可持续发展。这是一个综合的过程，需要综合考虑科学、技术、法律、经济和社会因素。通过环境风险评估，可以促进发电厂的可持续发展，降低环境风险对生态系统和人类社会的威胁。

本节以华南地区某生活垃圾焚烧发电厂为例，研究生活垃圾焚烧发电厂排放二噁英类物质（PcDD/Fs）对厂内工人和周边敏感点村民可能带来的健康风险。

5.4.2　案例概况

某生活垃圾焚烧发电厂一期工程于2015年7月建成投产，二期工程于2018年5月建成投产，设计焚烧炉规模分别为2×350t/d（2个处理规模为350t的焚烧炉）和1×350t/d，年处理垃圾量分别约为2.79×10^5t和1.28×10^5t。焚烧烟气采用“SNCR+半干式旋转喷雾吸收塔+干法脱酸+活性炭喷射系统+布袋除尘器”组合工艺。

为评价该生活垃圾焚烧发电厂内工人和周边村民的二噁英健康风险，检测人员采集并分析了该垃圾焚烧厂的厂内环境（空气和飞灰）邻近敏感点

（邻近村落）环境（空气和土壤）的二噁英质量水平，运用美国国家环境保护局（USEPA）风险评价体系和蒙特卡洛模拟（Monte Carlo simulation）对厂内工人、邻近敏感点村民（成人、青少年和儿童）在呼吸吸入、皮肤接触和经口摄入等暴露途径的健康风险进行评估。

5.4.3 环境风险评价

5.4.3.1 数据来源

调查研究收集了该电厂2017—2019年共3年的二噁英连续监测数据（每年1~2组数据），主要包括飞灰、厂内环境空气、厂界环境空气、厂内土壤、厂区下风等向邻近村落的飘移的空气和土壤污染物，共计26个样品数据。

5.4.3.2 评价方法

本研究运用美国国家环境保护局风险评价体系和蒙特卡洛模拟对厂内工人、邻近敏感点村民（成人、青少年和儿童）在呼吸吸入、皮肤接触和经口摄入等暴露途径的健康风险进行评估。

（1）风险评价体系。美国国家环境保护局提出的健康风险评估对象是某种对健康有害的因素，比如化学物质，健康风险评估的目的是搞清楚化学物质对人体健康会造成什么损伤以及导致这种损伤的可能性。健康风险评估方法是经典的“四步法”，包括危害识别、剂量—反应关系、暴露评估、风险表征4个步骤。

（2）蒙特卡洛模拟。蒙特卡洛模拟是一种以概率和统计理论方法为基础的计算方法，是使用随机数（或更常见的伪随机数）来解决很多计算问题的方法。该模拟方法主要通过总结事物运动的几何数量和几何特征，利用数学方法来加以模拟，即进行一种数字模拟实验，它是以一个概率模型为基础，按照这个模型所描绘的过程，将模拟实验的结果作为问题的近似解。可以把

蒙特卡洛解题归结为3个主要步骤：构造或描述概率过程、实现从已知概率分布抽样、建立各种估计量。

5.4.4 风险评价结论

（1）固化飞灰PCDD/Fs毒性当量范围为8.99～240.00 ngTEQ/kg，厂外土壤监测点土壤中PCDD/Fs毒性当量范围为0.81～2.04ngTEQ/kg。厂界环境空气和邻近敏感点环境空气中PCDD/Fs毒性当量范围为0.03～0.20pgTEQ/m^3，均低于《关于进一步加强生物质发电项目环境影响评价管理工作的通知》（环发〔2008〕82号）要求的年均浓度标准0.6 pgTEQ/m^3。

（2）飞灰、厂内环境空气和邻近敏感点环境空气的PCDD/Fs单体分布特征更加接近，土壤PCDD/Fs单体分布特征与飞灰和环境空气的单体分布特征有轻微差别。

（3）厂内工人和村民（成人、青少年和儿童）的致癌风险值范围为4.55×10^{-7}～6.04×10^{-6}，低于1.00×10^{-5}，为可接受风险范围；非致癌风险值范围为4.61×10^{-3}～4.28×10^{-2}，远低于1，非致癌风险极低。

（4）厂内工人和成人村民致癌风险值占风险安全值的60%和39%；厂内工人的环境空气吸入（包括在敏感点和在厂内）和飞灰经口摄入致癌风险值占比最高，比例达55.12%和38.43%；成人村民的环境空气吸入在总致癌风险值中起主导作用，占比达97.79%。

总体来说，该垃圾焚烧发电厂的环境空气、飞灰和土壤二噁英毒性当量较低，满足现有执行的垃圾焚烧行业的标准要求；厂内工人、邻近敏感点村民（成人、青少年和儿童）在呼吸吸入、皮肤接触和经口摄入等暴露途径的健康风险水平较低，在可接受风险范围内，但是相对来看“经口摄入暴露途径”在总致癌风险值中占比较高，企业需加强对环境空气二噁英监控和飞灰经口摄入的风险管控。

5.5 本章小结

目前生活垃圾焚烧发电厂环保跟踪评价主要是针对污染物排放、环境质量、健康风险等方面开展。

建议根据污染物排放监测数据评价相关环保措施的运行效果，并结合环保设施的运行情况分析论证其长期可行性。同时，企业需重点关注国家和地方针对生活垃圾焚烧发电行业污染物排放制定的相关标准规范，以及行业内相关新型治理技术的研发与应用情况，具备条件时适时开展环保设施的替换工作，从源头减量，及时进行绿色转型。监测报告应根据实际情况汇总为季度、年度报告并存档，便于生态环境主管部门的监督监管。

建立企业环境质量跟踪评价档案，分析所在区域生态环境质量的长期变化情况。建立并完善土壤和地下水污染隐患排查治理制度，对重点区域、设施定期开展隐患排查。若环境质量出现明显恶化趋势，须联同环保部门调查分析评价区域污染源排放变化情况，必要时协同环保部门制订区域污染物减排方案。环境质量跟踪评价报告汇总成年度报告并存档，便于生态环境主管部门的监督监管。

对生活垃圾焚烧发电厂的环保跟踪评价，可以全面了解生活垃圾焚烧发电厂环境现状和可能出现的问题，为制订针对性的改进措施提供依据。同时，也可以促进发电厂不断提高环保水平，实现可持续发展。

PART

6

第6章

生活垃圾焚烧发电厂数字化管理

6.1 回用水数字化管理案例分析

回用水数字化管理是一种将水资源循环利用与数字化技术相结合的管理方法，旨在提高水资源的利用效率，减少浪费，并实现水资源的可持续利用。目前国内生活垃圾焚烧发电厂产生的废水基本全部回用于厂区，本节以华南地区某生活垃圾焚烧发电厂废水自动在线监测系统为例，简要介绍生活垃圾发电厂回用水数字化管理的主要内容。

某生活垃圾焚烧发电厂废水自动在线监测系统是通过传感器、数据采集设备和监测软件等组成的一套在线监测系统，它能快速准确收集污水处理过程中的各类数据，并通过数据处理和分析来辅助企业对废水的监管。

6.1.1 废水自动在线监测系统主要内容

数据采集与监控：安装智能传感器和监控设备，实时采集污水处理过程中的基础数据，如水质、水量、流量等关键数据，并通过物联网技术传输到系统监测平台。

数据处理与分析：监测系统可以利用大数据和云计算技术，对采集到的数据进行处理和分析，识别污水处理过程中的异常数据和潜在问题。

预警与决策：基于数据分析结果，废水自动在线监测系统检测到污水处理过程中出现异常情况时会发出预警信息（例如，水质pH、COD等过高时），系统会提示操作人员进行相应的处理，能有效避免废水处理过程中的问题升级，确保废水处理系统的稳定运行，以及回用水水质、水量的稳定，

确保回用水的合理分配和使用，提高水资源利用效率。

6.1.2　效果评估

提升水资源利用效率：通过在线监测系统，企业能实时监控废水的产生、处理、回用等全过程信息，回用水的利用率能得到显著提高，降低了新鲜水的需求。

降低运营成本：优化调度减少了能源消耗和人力成本，提高了整体运营效率。

6.1.3　结论

生活垃圾焚烧发电厂废水自动监测技术通过连续在线运行，对废水中的关键指标进行实时测量和记录，为电厂提供及时、准确的数据支持，有助于电厂及时调整处理工艺，确保废水达标回用，提高了水资源利用效率，降低了运营成本，改善了环境质量。

6.2　焚烧废气数字化管理案例分析

本节以华南地区某生活垃圾焚烧发电厂焚烧炉烟气自动监测系统（CEMS系统）为例，介绍现今我国生活垃圾发电厂焚烧废气数字化管理的主要内容。

某生活垃圾焚烧发电厂二期项目有2台处理能力为850t/d 的机械炉排炉，

炉内脱硝采用“SNCR炉内脱硝+半干法脱酸+干法烟道脱酸系统+烟道活性炭喷射+布袋除尘器+SCR炉外脱硝”组合工艺，每台焚烧炉对应配套设置一套烟气处理系统，共2套。净化后烟气由引风机送入厂房外的烟囱排入大气，烟囱造型为多管组合钢制烟囱，烟囱高度80m，每根钢制烟囱上部出口内径2.8m。

在每台锅炉烟气出口处各设置一套烟气在线监测设备（CEMS系统），按《生活垃圾焚烧处理工程技术规范》的要求，在线监测烟气的温度、湿度、流量、压力、粉尘、CO、CO_2、NO_x、SO_2、HCl、O_2、HF等参数，数据可以通过预留的通信接口与环保部门联网，方便政府在线监督管理，而且监测结果应采用电子显示板进行公示，方便社会监督。同时，CEMS系统应与分散控制系统（DCS）或安全仪表系统（SIS）进行连接，实现远程监测。

CEMS系统通常由烟尘测量子系统、烟气参数测量子系统、气态污染物测量子系统以及系统控制和数据采集处理系统4个主要部分组成。它的工作原理是通过安装在排放源处的传感器和采样设备，实时采集烟气样本并进行分析，然后将数据传送至中央处理单元进行记录和处理。CEMS系统的主要功能特点包括5个方面。

（1）可以直接分析原样，保持烟气的物理和化学特性，确保样本气体具有代表性。

（2）具有反吹功能，可以自动吹扫采样探头和烟尘仪，减少颗粒物附着，确保测量的准确性。

（3）具有指示功能，能够显示分析仪在校正循环中、校正气瓶低压、过量的校正误差等内容。

（4）可以长期无人值守，降低了人工维护的成本。

（5）具有自动诊断、自动控制、自动校准等功能，能够自动处理数据并上传到系统网络。

6.3 厂界臭气数字化管理案例分析

恶臭气体的组成非常复杂，其中涉及污水处理和垃圾处理以及制药企业的主要为硫化氢和氨气，具有多组分、低浓度、瞬时性、阵发性等特点。

某生活垃圾焚烧发电厂结合所在厂区实际情况，以及厂内排放恶臭气体主要特征，在厂区内布设恶臭气体在线监测设备，可实时监测恶臭气体的浓度，监测数据可实时传输至生态环保部门或企业监控平台，显示监测数据，并实现超标报警功能，为企业监管控制及溯源提供数据参考。

6.3.1 系统结构

恶臭气体在线监测系统的拓扑结构如图6-1所示。现场端布设恶臭及有毒有害气体在线监控系统，通过4G无线传输将实时监测数据上传至监控平台或园区监控平台，实现顶层数据应用。

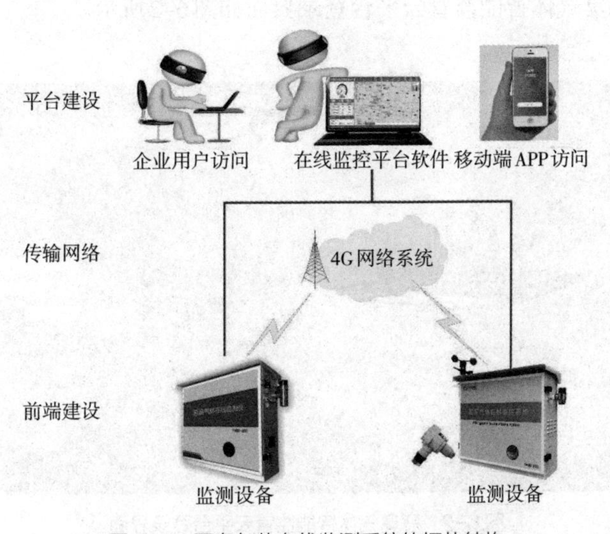

图6-1　恶臭气体在线监测系统的拓扑结构

恶臭在线监测系统是依照《恶臭污染物排放标准》(GB 14554—1993),专门针对容易产生异味的场所,研发生产的一款实时恶臭浓度在线监测系统。该系统采用矩阵式排列的智能型气体传感器,并应用独立算法计算恶臭OU值,广泛应用于城市异味监测、垃圾中转站、化工园区、医院、污水厂、电缆厂、造纸厂、皮革厂等场所。

6.3.2 恶臭气体智能监管云平台

恶臭在线监测系统综合运用了计算机自动控制技术、计算机网络技术、通信技术、GIS开发技术、物联网技术、数据库技术,整合、共享、开发了恶臭气体智能监管云平台,实现实时统计各监测点的监测数据,充分考虑日常监管工作内容,用户可通过“一张图”总览各监测站点的地理分布情况、恶臭及有毒有害气体排放污染程度及监测站点的运行情况等统计信息。实现对控制恶臭及有毒有害气体排放、减少大气污染等综合管理提供可靠的数据信息和科学的辅助管理决策。便于监管人员溯源报警事件、锁定重点污染监管对象。恶臭气体智能监管云平台登录界面如图6–2所示。

图6-2 恶臭气体智能监管云平台登录界面

可视性强：基于B/S架构，支持WEB、APP访问，用户可通过智能手机、PAD和PC端随时查看平台监测信息。同时将恶臭及有毒有害气体监测浓度结合GIS地图、曲线图、列表等多种方式展示，数据直观可视性强。

全面分析：该系统提供跨区域、全时间、多层次的数据分析和挖掘，包括污染浓度排名、污染对比分析、报表统计、数据同比环比分析、历史数据查询、标准站比对分析等，为管理部门分析决策提供数据支撑。

任务管理：管理人员可基于系统平台对指定负责人下发日常运维任务和超标预警处理任务等，并对任务处理信息和处理结果进行审核，决定任务继续或终止。

追溯性强：系统平台端针对污染超标、设备离线等多种超标类型展示。报警产生时，视频监控系统可对现场进行图像抓拍、视频录制，实时查看图片，还原真实现场。

拓展性强：系统设计符合SOA体系架构规范，具有良好的灵活性、可扩充性和兼容性，可扩展视频监控、治理设备联动等，有效降低多平台单独建设的成本，适用于企业和环境监管部门对辖区各类监测站点进行统一监管的需求。

6.3.3　监测点位布设

6.3.3.1　无组织监测点位布设

依据《大气污染物无组织排放监测技术导则》（HJ 55—2000）规定，对厂区内进行无组织监测点位布设，对重点排污生产车间、重点排污露天生产设施旁、罐区旁等布设监测点位，设备安装高度距离地面1.5m以上位置处，且周围无明显干扰源。

6.3.3.2 厂界监测点位布设

根据规范要求，厂区恶臭及有毒有害气体监测站设置1~3个点位，其中厂区主导风向的上风向或人口密集居住区应设置1个监测点位，厂区内主导风向和第二主导风向的下风向各设置1个监测点位。可根据监测目的增设监测点位。

设备安装高度距离地面1.5m以上位置处，且周围无明显干扰源。示意如图6-3所示。

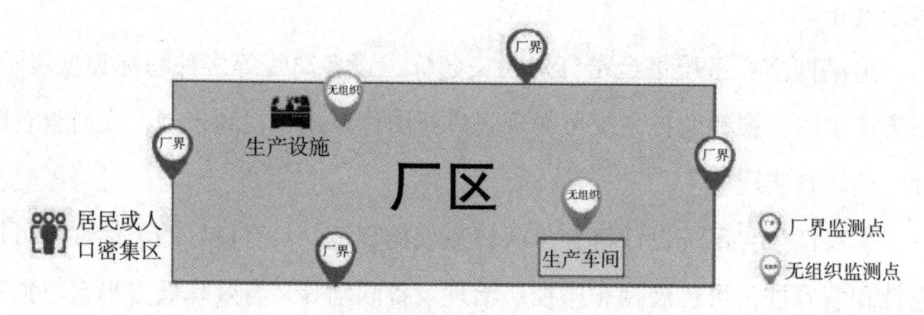

图6-3 监测点位设置示意

6.3.4 系统建设价值

通过引入先进的技术和设备，建立实时监测和预警机制，企业能够实现对恶臭污染物的有效控制和管理。这不仅有助于改善环境质量，还能够提高企业的管理效率和应对突发事件的能力。

（1）快速直观，分析污染源周边信息。监测快速直观、可通过恶臭气体的监测数据，快速分析出污染源周边相关污染情况信息。

（2）自动化管理，节约管理开支。系统实时监测恶臭气体的浓度值，监测数据自动上传到监控中心，降低了人工检测的数量和劳动强度。

（3）信息化管理，为恶臭气体的治理提供数据。监测数据实时上传，并保证数据的准确性、完整性、一致性及可追溯性，为企业制订治理方案提供科学依据。

6.4　固体废物数字化管理案例分析

为贯彻落实《中华人民共和国固体废物污染环境防治法》中关于推进危险废物等固体废物收集、转移、处置等全过程监控和信息化追溯，2019年2月生态环境部办公厅发布《关于加快推进全国固体废物管理信息系统联网运行工作的通知》，要求产废单位通过全国固体废物管理信息系统，实现危险废物产生单位产生等情况申报、危险废物管理计划报备，危险废物电子转移联单运行，危险废物经营单位经营情况的年报、月报报送等功能。

固体废物数字化管理是利用现代信息技术收集、汇报、共享数据，实现废物的全生命周期监管。目前生活垃圾焚烧发电厂固体废物数字化管理主要是基于全国固体废物和化学品管理信息系统进行的固体废物产生、收集、转运及处理记录进行的数字化管理。本节以某垃圾焚烧热力电厂固体废物管理方案为例，简要介绍垃圾焚烧发电厂的固体废物数字化管理的主要内容。

6.4.1　企业的固体废物产生及处置

某垃圾焚烧热力电厂产生的固体废物应分类收集并综合利用，确实不能利用的须按照有关规定，落实妥善的处理处置措施，防止造成二次污染。

（1）炉渣：在炉排上燃尽后的垃圾与炉膛内的渣一起排入渣斗中，经渣斗内的水池冷却后，通过捞渣机捞出至皮带上，送至厂内的炉渣储坑储存。最终由现有的炉渣综合利用中心处置。

（2）飞灰：将收集的飞灰与螯合剂进行固化处理后暂存于飞灰暂存库内，经检测符合标准后定期由专车送卫生填埋场专区填埋。

（3）其他固废：包括污水处理站产生的污泥（含废UF、NF、RO膜）、生活垃圾、脱臭装置报废的活性炭（一般固废）、报废的滤袋（HW49其他废物）、废机油（HW08废矿物油）等均投入焚烧炉与生活垃圾一起焚烧处理。生产过程中产生废脱硝催化剂（HW50废催化剂）、废铅蓄电池（HW49其他废物，代码900-044-49）须按照危险废物管理要求，送往取得该类危险废物处置经营许可证单位妥善处置。

合理安排运输路线和运输时间，选用先进的垃圾压缩设备和密闭的专用运输车辆，并加强垃圾运输管理，尽可能杜绝“跑、冒、滴、漏”现象，配合其他有效措施削减垃圾转运对沿线环境敏感点的影响。积极配合当地政府开展垃圾分类收集工作，加强垃圾预分拣，提高进厂垃圾热值，并严格控制生活垃圾中氯和重金属含量高的物质，避免一般工业固体废物和危险废物混入其中。

6.4.2 全国固体废物和化学品管理信息系统的运用

6.4.2.1 一般固废

该生活垃圾焚烧发电厂的一般固废有焚烧炉渣、污泥、生活垃圾等，企业注册全国固体废物和化学品管理信息系统企业端账号，针对不同种类的一般固废分别填报一般工业固废的种类、来源、产生量、贮存场所、转运记录、处置方式等内容。

6.4.2.2　危险废物

该生活垃圾焚烧发电厂产生的危废主要是飞灰、废滤袋、废机油、废催化脱硝催化剂等。针对危废填报的主要内容有危险废物管理计划和转运信息等，危险（医疗）废物产生单位进行当年危险废物管理计划报备，管理计划是根据上年度危险废物情况报备当年计划发生的事项，如实申报上一年度危险废物的实际产生、贮存、利用、处置等情况，转移危险废物时执行危险废物转移电子联单的操作。

固体废物数字化管理是充分利用信息化手段，通过全国固体废物和化学品管理信息系统的填报动态更新企业固体废物名录，实现固废的动态监管。

6.5　本章小结

生活垃圾焚烧发电厂的数字化管理是一种前沿且高效的管理模式，它充分利用云计算、物联网、人工智能、移动通信等核心技术，对电厂的运行、管理等进行智能化管理，而且还可以借助先进的可视化技术，对电厂的运行状态进行实时监测和展示。这有助于运营管理人员更直观地了解电厂的运行情况，及时发现和解决问题，提高电厂的运行效率和稳定性。

总体来说，生活垃圾焚烧发电厂的数字化管理是一种创新且高效的管理方式，它能够提高电厂的运营效率和管理水平，促进垃圾焚烧电力行业的持续健康发展。随着技术的不断进步和应用的不断深入，数字化管理将在生活垃圾焚烧发电厂中发挥越来越重要的作用。

PART

7

第7章

展望

7.1 进一步提升生活垃圾发电厂的环境监管能力

一是进一步加强生活垃圾焚烧发电厂的基础研究，在项目的设计阶段，从焚烧设施的技术研究、污染物治理设施的技术研究、项目选址的可行性研究等角度规避可能的环境影响。

二是进一步强化生活垃圾发电厂的监督管理，在电厂的施工期和运营阶段加强环境监管，降低建设阶段的环境影响，确保电厂运营期的安全稳定运行和污染物的达标排放。

三是开展生活垃圾焚烧设施周边环境长期监测与评估。完善生活垃圾焚烧设施周边环境质量监测和人群环境健康风险评估体系，有效防范焚烧过程中的环境风险。根据环境质量监测情况，定期开展生活垃圾焚烧设施周边人群环境健康风险评估与跟踪评价，并根据评价结果提出有针对性的应对措施和管控方案。

7.2 进一步强化生活垃圾焚烧发电厂的智慧化监管转型

大数据、云计算和人工智能等互联网信息技术的迅速发展，进一步推动了垃圾焚烧发电厂升级转型，从传统监管模式逐步实现向智能化、智慧化的

转变，最终实现“智慧监管”。生活垃圾焚烧发电厂的数字化管理可以进一步提高管理效率、降低成本、提升环保管理水平。

目前，在生活垃圾焚烧发电行业，基本实现了水、气、渣的监控与远程管理，实现了垃圾焚烧发电厂与政府部门、环保组织、相关企业等的信息共享和合作，促进产业协同发展。然而在数据分析与优化方面仍存在不足。

一是建议相关科研机构和企事业单位充分利用大数据和人工智能技术分析生活垃圾焚烧发电过程中的数据，进一步优化设备运行参数，提高能源利用率和发电效率，构建更高效、更环保、更可持续的运营模式。

二是通过数据驱动的管理，降低能耗、减少排放，实现可持续发展，进一步推动生活垃圾处理行业的数字化和智能化进程。

参考文献

[1] 黄道建，陈晓燕 . 生活垃圾焚烧发电厂项目施工阶段环境监理要点分析[J]. 建设监理，2017（2）：69–72.

[2] 赵凤琴，王帅琦，王震华 . 城市生活垃圾填埋场建设项目的环境监理探究[J]. 环境保护与循环经济，2013，66–69.

[3] 张然 . 浅析我国城镇生活垃圾焚烧处理的问题与对策建议[J]. 资源环境与节能减灾，2013，6：133–134.

[4] 吴云波，杨浩明，黄娟 . 垃圾焚烧发电厂的危害与防治措施研究[J]. 环境科技，2009，22（2）：115–117.

[5] Tong R, Cheng M, Ma X, et al.Quantitative health risk assessment of inhalation exposure to automobile foundry dust[J]. Environmental Geochemistry and Health, 2019, 41(5): 2179–2193.

[6] Yang K, Li L, Wang Y, et al.Airborne bacteria in a wastewater treatment plant: Emission characterization,source analysis and health risk assessment.[J]. Water Research, 2019, 149: 596–606.

[7] 刘军，赵金平，杨立辉，等 . 南方典型生活垃圾焚烧设施环境呼吸暴露风险评估[J]. 生态环境学报，2016，25（3）：440–446.

[8] 环境保护部 . 中国人群暴露参数手册[M]. 北京：中国环境科学出版社，2013.

[9] Integrated Risk Information System. Integrated risk information system [EB/OL]. 2019–05–04. http://www. epa.gov/iris.

[10] 徐梦侠．城市生活垃圾焚烧厂二噁英排放的环境影响研究[D]. 杭州：浙江大学，2009.

[11] Zhu F, Li X, Lu J W, et al. Emission characteristics of PCDD/Fs in stack gas from municipal solid waste incineration plants in Northern China[J]. Chemosphere, 2018, 200 (JUN.) : 23–29.

[12] HAN Y, XIE H, LIU W, et al. Assessment of pollution of potentially harmful elements in soils surrounding a municipal solid waste incinerator, China[J]. Frontiers of Environmental Science & Engineering, 2016, 10(6): 7.

[13] Li Y, Jiang G, Wang Y, et al. Concentrations, profiles and gas–particle partitioning of polychlorinated dibenzo–p–dioxins and dibenzofurans in the ambient air of Beijing, China[J]. Atmospheric Environment, 2008, 42(9): 2037–2047.

[14] 穆乃花．生活垃圾焚烧厂周围环境介质中二噁英分布规律及健康风险研究[D]. 兰州：兰州交通大学，2014.

[15] 张振全．南方典型生活垃圾焚烧厂周边环境介质中二噁英含量水平及特征研究[D]. 兰州：兰州交通大学，2013.

[16] Everaert K, Baeyens J. The formation and emission of dioxins in large scale thermal processes[J]. Chemosphere, 2002, 46(3): 0–448.

[17] Li J, Zhang Y, Sun T, et al. The health risk levels of different age groups of residents living in the vicinity of municipal solid waste incinerator posed by PCDD/Fs in atmosphere and soil[J]. Science of The Total Environment, 2018, 631: 81–91.

[18] 赵曦，黄艺，李娟，等. 大型垃圾焚烧厂周边土壤重金属含量水平、空间分布、来源及潜在生态风险评价[J].生态环境学报，2015,24（6）：1013–1021.

[19] 孟菁华，刘辉，史学峰，等．垃圾焚烧设施居民暴露吸入性健康风险评价研究[J]. 环境工程，2018，36（1）：128–133.